U0014243

當責主管就是要做這些事!!!

交辦用錯力，當然事倍功半！

讓部屬自動自發、服你、挺你的下指令訣竅

できるリーダーは、「これ」しかやらない メンバーが自ら動き出す「任せ方」のコツ

伊庭正康——著

目錄

第1章 只要改變「著力點」，主管的煩惱都能迎刃而解

第2章

運用有效的交辦技巧，讓部屬的能力「覺醒」

第3章

換位思考，成為「部屬想要一起工作」的主管

第4章 打造成長型團隊，引導部屬「主動去做」的決心

第5章

人人都是主角！以團隊作戰實現個人價值

第6章

快狠準！做出兼具速度與正確度的聰明決策

第7章

成功的領導者必然孤獨，讓脆弱成就強大

前言

你的團隊氣氛是開心振奮或低迷沉悶？

「你有讓部屬和團隊成員覺得工作很開心嗎？」老實說，這是個滿棘手的問題。不論你的答案為何，現階段都請不用太過在意。相較起來，如果你立刻說出：「我的團隊非常好，完全沒問題！」我反倒會有點擔心。

我認為「開心」的定義是**「部屬及團隊成員都很樂於接受挑戰，並且透過工作有所成長」**。而這個想法，源自曾經帶領無印良品、成城石井超市、Denny's餐廳V型復甦（譯註：業績急速回升）的專業經理人大久保恒夫，他在二〇一九年十一月十日播出的NHK節目《專業高手》中談到：「所謂專業職人是樂於接受工作挑戰，在工作中獲得成長，並且能夠讓部屬樂於接受挑戰，帶領他們透過工作有所成長的人。」

換句話說，我認為這種振奮的狀態，才是所謂的「開心」。各位應該也同意這個說法吧。

然而，對於忙碌的主管來說，要讓部屬在工作上感到開心並非易事。這正是我出版本書的用意，希望每個主管都能成為這樣的領導者。

我們可以從工作中獲得什麼？

抱歉尚未自我介紹。

我是伊庭正康，目前經營一家企業培訓課程公司，並擔任培訓講師。前一份工作是在人力資源集團瑞可利控股公司（Recruit Holdings）擔任業務主管、經理及部長等職務，三十七歲時晉升為旗下集團公司的代表董事。

擔任管理職的十一年間，最令我引以為傲的是運用「在短時間內獲得成果」的方法，建立了「不加班文化」，並且不曾出現工作情緒低落的部屬或是進公司不到三年就離職的員工。

創業至今，我培訓了超過兩萬名主管，向他們傳授「讓員工開心工作的管理法則」。但是，必須坦承，我自己以前也是「無法讓部屬及團隊成員開心的主管」。

我還是個新手主管時，某天，有一位我很倚重的部屬問起：「伊庭先生，您觀察這個職場的員工時，有什麼感覺呢？」

我不知該如何回答，「嗯？（我自認一向很關心大家）……怎麼了嗎？」

部屬繼續問：**「您認為在目前的工作團隊裡，有多少人是樂在其中的呢？」**我覺得自己像是被擊中了要害。「在工作上我們做了很多事，但若只是提高業績，總感覺缺少了什麼。我們想要知道更多未來的方向，想要親口聽您說。」

我完全無法招架。

確實，我曾說過：「要在我們負責的區域，拿下五十％的市占率！」「這個部門的業績目標是三十億！」然而，部屬顯然更希望聽我說出「達到這些目標之後，我們可以從中獲得什麼」。

說來很難為情，我當時並沒有認真思考這些事。

因此，我在本書介紹了重要的領導者理論，希望能為「光是顧好眼前工作就忙得焦頭爛額」的各位（就像從前的我一樣）提供一些方向。

你是一個人在單打獨鬥嗎？

身為主管，你是否遇到這樣的情況：

明明自己手頭的工作越來越多，卻得配合公司規定，要求部屬減少加班時數？平時上班對著電腦喃喃自語的時間，比起和部屬對話的次數還要多？與部屬的交談內容，只限於下達指令與後續確認？

如果「以上皆是」，那麼不但無法開心工作，職場也會逐漸變成一個令人煩躁的環境。

然而，這一切或許只是**因為你「單打獨鬥，努力過頭」**了。在公司嚴格規定減少加班時數、管理職責日益繁重的情況下，將工作交辦給部屬，是勢在必行的選擇。

話雖如此，交辦工作確實不太容易，我對此有深刻的體會。

第一次擔任主管時，我只知道自己埋頭苦幹，反而削弱了部屬的工作幹勁與主體性。經過深切反省，並且觀察其他主管的工作模式，我整理出優秀領導者的共通點，歸納了一套有效的領導理論，持續實踐、調整做法。最終，我當初帶領的團隊，員工滿意度從最初的五％，一舉躍升至九十五％，收到了很棒的成效。

對自己的部屬和團隊成員多一點依賴，試著把職場上各種不同的任務及責任，有技巧地交辦給部屬吧！這樣一來，**你不但會輕鬆許多，還能幫助部屬成長，讓團隊更有自主性**。

拋開「我不適合當主管」的念頭

我以前打從心底不想當主管，在（被迫）擔任業務主管之前，一直想方設法推拒任何機會，讀小學時甚至拒當六人小組的「組長」。

即使個性如此，但在我習得一些訣竅後，我開始懂得如何聰明地「交辦工作」，雖然整個過程不像其他管理書籍所描述的那麼有趣就是了。如果你也覺得自己不適合當主管、不知道該怎麼交辦工作，請放心，我在這本書裡詳細介紹了**「讓部屬自動自發、服你、挺你的」**的下指令訣竅。

事實上，當部屬被交辦工作時，並不會覺得麻煩或討厭。只要主管們掌握好交辦工作的重點，反而能促使部屬更積極努力面對工作。

許多曾經參加培訓課程的主管們告訴我：「這些都是我從來沒有注意到的盲

點。」「整個團隊就像脫胎換骨一樣！」前陣子還有一位主管說：「我有一個部屬原本打算離職，後來工作態度變得正面，最近甚至獲得公司內部表揚。他在臺上致詞時，提到**『我改變了自己的觀點，瞭解到如何把工作變得更有趣』**。」

我認為這正是改變團隊工作模式所帶來的成果。

你可以一口氣讀完整本書，也可以根據目錄挑選需要詳讀的章節，無論哪一種方式，相信這本書都會對你有所幫助。

現在正是改變的契機，就從閱讀這本書開始吧！

RASISA LAB 代表董事／企業培訓講師　伊庭正康

第1章

只要改變「著力點」，主管的煩惱都能迎刃而解

01 沒時間「好好聽部屬說話」，我是個失職的主管嗎？

每個主管都知道，必須好好聽部屬說話。

但說實話，自己的工作都忙不過來了，根本沒有多餘的時間。

連這麼基本的事也做不到，我算是失職的主管嗎？

我是不是能力不足？我夠資格當主管嗎？

沒時間好好聽部屬說話，與你的能力無關，而是因為主管要做的事變多了。

根據二〇一七年十一月產業能率大學發表的「上市公司課長實務調查」，約有六成左右的主管表示：與三年前相比，工作量大幅增加了。

既要擔負第一線的工作，又要管理其他員工，讓人喘不過氣。調查顯示，有六成左右的主管認為，因為自己的工作真的太忙，根本無暇顧及管理。由此可知，你並不孤單。

在我的企業培訓課程上，許多主管看起來都忙翻了。一到休息時間，他們會立刻打開電腦回覆郵件；即使仍在上課，也有一些人因為擔心錯過訊息，忍不住頻頻查看手機。

詢問之下，他們都異口同聲表示：「不知道為什麼會這樣，就是覺得時間很緊迫……」

事實上，公司加強風險管理、朝向多元化體系轉變是必然的。想當然耳，報告的數量與報告的頻率都會增加。換句話說，**你無法單憑一己之力完成所有的工作。**

想要仔細聽部屬說話，只有加班才辦得到？

當然了，每個主管都希望能夠仔細聆聽部屬說話。不過，一旦這麼做，自己的時間就會變少。難道沒有兩全其美的方法嗎？

在前文提到的調查中，有九十九・二%的課長實際擔負第一線工作，而約莫半數的人（四十五・一%）承擔的第一線工作，占自己所有工作量的二分之一以上。也就是說，主管們每天只有四到五個小時能花在個人的工作上。如果要再分出更多時間，一天下來就只剩下短短的兩到三個小時了。

這麼一來，很多事不得不加班處理，然而在加班規定越來越嚴格的情況下，這個方法也行不通。

在這種情況下，當然沒有時間跟部屬好好談話。

只要改變「著力點」，就能看見解決的線索

因此，我們必須改變「著力點」。

以前我也曾經為了這類問題感到煩惱，直到發現不同的「著力點」，終於找到解決難題的線索——唯一的方法**並非追求「如何快速工作」，而是要思考「如何交辦工作」**。

舉例來說，確認每日營業額的工作，能不能交給「你的軍師」？每天工作進度

檢查的事項，能不能交給「相關負責人」？同理，新進員工的教育訓練，能不能交給「其他部門的人」或「你的部屬」呢？依此類推，將任務分派出去，大家分工合作。

不過，或許有些人會這麼想：「交辦工作給部屬，可能會造成他們的負擔……」

事實並非如此。我在企業培訓課程中，經常聽到部屬們不滿地說：「真希望主管能再多信任我一些！」「明明有很多事要靠團隊才能完成！」

由此可見，**身為主管的你，應該多多依賴部屬和同事**。如果你認為部門裡「真的沒有一個能夠放心的人」，那麼你只有一個選擇：培育人才，建立合作體系。

在這本書中，我會介紹如何激發部屬的能力、進行團隊合作的方法。

當責主管這樣做

在工作量持續增加的情況下，學會「交辦工作」是主管們不可或缺的能力。

02 無法將工作交辦出去，是因為部屬「能力不足」嗎？

自己動手比較快，成果也比較好。
教導部屬要花這麼多時間和心力，
真希望他們的能力再好一點……

工作能力越強的主管，越是無法輕易放手？

如果你不敢把工作交辦給部屬或同事，我猜你應該是身兼第一線工作的主管，並且比部屬更熟悉工作內容，對嗎？此外，你是不是覺得部屬的工作品質和自己相比之下有一段落差？

當自己很精通某項工作時，對於細節難免有一些特定的習慣和堅持，若是欠缺極具說服力的理由，確實無法輕易將工作交辦給其他人。**並非部屬能力不足而「無法交辦」，而是你覺得自己來做比較好，所以「不想交辦」**，這才是真正的原因。

坦白說，我以前也是如此。不是我不相信部屬，而是由於我精通某項工作，所以會很在意一些小細節，像是企畫書的配色或字體等等，總覺得與其花時間提醒，不如自己做還比較快。和業務同仁一起拜訪客戶時，由於很熟悉商業談判的重點，我也經常自己直接交涉，剝奪部屬一展身手的機會。

我一直以為，只要讓部屬看見我工作的模樣並且照做就可以了。然而，這純粹是個人主義作祟。

個人的能力有限，不懂帶人會讓自己忙到死

我有很多奇怪的想像，有一次曾經這樣幻想：假如全人類都和我擁有相同的能力，也許我們至今仍然停留在繩文時代吧。

即使知道厲害的狩獵技巧，也無法應用於水稻種植；即使誠心學習佛教，也不見

得有決心成為遣唐使，前往陌生的國度去探索未知的文化。

如果這兩個比喻不太好懂，那麼就來看看這句非洲諺語：「想走快一點，就一個人走；想走遠一點，就一起走。」也就是說，**一個人能夠做到的事情有限。**

說起來，無論是松下幸之助先生所採用的「事業部制度」（編註：Department system organizational structure，是分級管理、分級核算、自負盈虧的一種形式），或是現今許多企業常見的「分公司制」（編註：Company System，或譯為「公司內分公司制」），都是能夠讓「組織裡每一個人」發揮最大能力的結構。

充分運用「他人的能力」，帶領團隊成長，是主管們的重要任務。

「進公司的頭三年」是關鍵期，決定部屬未來的發展

儘管過去的我有許多部分還需要學習，我決定「總之先交辦工作給部屬試看看」。結果，原本打算辭職的部屬漸漸成長，五年後成為核心幹部，十年後更當上了主管。團隊裡，有人自行創業，有人繼續留在公司打拚，每個人都擁有相當活躍的職涯。最令我欣慰的是，完全沒有因工作倦怠而萌生辭意的員工。會有這樣的轉變，

九十九％當然來自他們本身的潛能，而我或許也占了一％的功勞。

實際上，瑞可利職業研究所（Recruit Works Institute）曾於二〇一〇年調查「主管對於入社三年內員工的影響」，報告指出**最初的三年最重要，若是此時主管沒有交辦部屬具挑戰性的工作，則從第四年開始，部屬的成長速度將逐漸趨緩**。

由此可知，盡早「持續交辦工作」是比較好的選擇。

此外，有財經雜誌採訪了曾經擔任日本麥當勞、倍樂生控股公司（Benesse Holdings, Inc.）董事長而備受矚目的專業經理人原田泳幸先生，他在訪談中提到：「嘴上說『還不到時候』，不願交辦工作給部屬，這樣的店長有害無利。」雖然措辭強烈，意思卻是相同的。

「交辦工作」能讓部屬獲得成長，這一點無庸置疑。

我在本書中會介紹更多進階的交辦技巧。

當責主管這樣做

進公司的前三年是勝負關鍵。如果遲遲不交辦工作給部屬，將導致他們成長遲緩。

03 好主管應該「盡量不罵人」？這樣真的沒問題嗎？

訓斥部屬並不容易，萬一被部屬討厭就很難共事了。
如果部屬因此離職，也會懷疑自己的領導能力。
我真的不太擅長訓斥……但是，這樣沒問題嗎？

這是個「嚴厲以對」會被視為「職場霸凌」的時代

這似乎是個主管動輒得咎的時代，就算你認為是為了對方好而「嚴厲以對」，也很有可能被視為職場霸凌。

實際上，日本厚生勞動省的「開心職場應援團」網頁資料顯示，勞動局接獲的職場霸凌申訴案件，近十年激增了三倍之多，其中有一個原因是「主管強迫我接受不合理的工作」。

那位主管如果得知這件事，或許會感到晴天霹靂吧。就連自認經常關注年輕世代喜好的我，一看到日本能率學會「二〇一八年新進員工認知調查報告」時，也對「理想主管排行榜」的統計結果感到相當吃驚。

連續三年，「會訓斥部屬的主管」排名不斷下滑，從第四跌至第五，再跌至第十。不過，畢竟接受調查的對象都是「在不受訓斥的時代長大」，所以**這份排名所呈現的並非主管的好壞，而是時代改變的結果**。換個角度這樣一想，我就比較釋懷了。

如果被老師或前輩打耳光，我們會有什麼感覺呢？應該是「不可原諒！」，對吧。在昭和時代，這卻是再普通也不過的事。由於成長環境不同，現在幾乎沒什麼會打耳光的老師或前輩了。

隨著時代演變，指導的方式必然會跟著變化。

然而，**必須避免產生「過度調適」（over-adaptation）的心理**。有些主管擔心自己會影響部屬的未來，過於小心翼翼，無論發生什麼事都不敢訓斥部屬，反倒為團隊帶來傷害。

只要把「嚴厲」改為「叮嚀」，事情就能順利進行

交辦工作時，嚴禁像是「這點小事，不能不會做」這一類的說教。**別用「嚴厲傳達」的語氣，而是「仔細叮嚀」的方式。**

只要按照下列步驟來做，事情就能順利進行：

①首先，詳細解釋交辦工作的原因。
②具體說明執行的方法與順序，並且仔細叮囑。
③確認對方聽到指示後的想法。
④確認對方是否有不明白、不放心的地方。
⑤建立一套後續能夠定期確認的機制。

能夠確實做到的話，你絕對會成為部屬心目中的「理想主管」。

實際上，前面提到的認知調查報告中，新進員工所描繪的理想主管如下：

第一名：聽取部屬的意見與要求的**聆聽型主管**（三十三・五%）

第二名：在工作上會給予**細心指導的主管**（三十三・二%）

真正的理解，來自於溝通。

這些新進職員並不是要公司無條件呵護包容他們，「我們有很多事情還不瞭解，希望主管在嚴格指導之前，可以先好好地教導我們」才是他們的真心話。

我在本書中會介紹「仔細指導」的方法。

當責主管這樣做

「過度呵護」是錯誤的！「仔細教導」才是正解！

04 面對年長的部屬，只能「委婉提醒、居中協調」嗎？

和年長的部屬共事真難，他們甚至比我還熟悉工作內容，我什麼也不用教，頂多只能當個「居中協調者」。如果主管不是我，對彼此都比較好吧……

部屬比我年紀大？當年輕主管遇上老鳥員工

「年長的部屬」越來越多？這個現象並非你的公司獨有。

在職涯規畫漸趨多元的今日，團隊裡有年長部屬並非新鮮事。根據產業能率大學於二〇一八年所做的「第四次・上市公司課長現況調查」，**超過半數的課長都有年長**

部屬（五〇．九％），由此可見這是社會趨勢。

不過，仍有許多主管不知該如何與年長部屬共事，對此感到苦惱。若是遇到工作能力很強的年長部屬，這種狀況格外明顯。

我也有過類似的經驗。那位年長部屬擁有卓越的業務能力及高度的專業意識，我以前教給其他部屬的業務技巧，像是「銷售祕訣」等等，都派不上用場，頓時覺得自己身為主管的價值蕩然無存。

不過，**無論如何都別讓自己淪為居中協調者或傳聲筒**。年長部屬多數都很熟悉組織的架構，可以一眼看穿盲點：「這樣的話，我不如直接找更上面的主管還比較快。」如此一來，你不但無法展現主管的價值，反而容易成為可有可無的存在。

借力使力，成為年長部屬眼中「好共事」的主管

反過來從部屬的立場來思考，就能看出一個簡單的法則：他們覺得什麼樣的年輕主管比較好共事？日本英才公司（en-japan inc.）以自家求職網站「中生代轉職」使用者為對象，做了一項關於「年輕主管」的問卷調查，結果如下：

好共事的主管特質：排名最高的是「謙虛的態度」和「態度柔軟，願意接受他人意見」。

難共事的主管特質：排名最高的是「不會用人」、「既沒知識也沒常識」、「不願接受他人意見」和「沒有人望」。

從這份調查結果可以看出，主管絕對不能單純扮演居中協調者，同時也必須保持「謙虛的態度」。只要記住三個原則，就能成為年長部屬心目中「好共事」的主管。

【掌握三原則，成為年長部屬眼中好共事的主管】

①讓對方知道自己的「判斷基準」

絕對不可搖擺不定。除了健康問題、安全問題、人權問題、家庭緊急狀況之外，工作上必須將團隊目標與方針放在第一順位。務必明確告知你的判斷基準。年長部屬擁有豐富的工作經驗，如果你的判斷基準曖昧不清，他們會根據自己的經驗法則來判斷，導致彼此難以共事。

② 以柔軟的姿態，為對方提供支援

年長部屬會以「專注於工作」的心態，克服上下關係的窘境。因此，主管要一邊聆聽他們的意見，一邊思考如何建立「更完善的工作流程」，打造一個靈活的職場環境。

③ 保持「請您務必教我」的謙遜態度

絕對不可輕視年長部屬的經歷。或許他們也管理過部屬或後輩，對於第一線工作也有豐富的經驗。身為一個社會人士，他們的見識或許遠多於你，務必牢記這一點，以正確的心態對待他們。

身為年輕主管，不要總想著用自己的經驗或立場壓過對方，而是**借力使力，活用年長部屬的「強項」**，激發出團隊的最佳表現。這才是主管應該具備的條件。

當責主管這樣做

對待年長的部屬，務必牢記三個基本原則。

05 部屬不想「全心投入工作」，是因為我不會帶人嗎？

為什麼他們總像是無關緊要一樣？
是不是因為我不會帶人？
好希望他們能更努力一點，對工作付出全心全意……

工作做得「不多不少剛剛好」才是王道？

「為什麼不肯認真對待自己的工作呢？」看到這樣的部屬，主管難免會反省是不是自己有問題，難道是因為自己不會帶人嗎？

問題當然沒那麼單純。

根據瑞可利管理顧問公司（Recruit Management Solutions Co.,Ltd.）的「二〇一六年新進員工與年輕人的認知調查」，可以看出他們有一個根深蒂固的想法：「沒必要像拚命三郎一樣工作。」

被問到「你對於以工作為重心的生活有什麼看法」，調查結果的統計排名如下：

第一名：**不喜歡以工作為重心的生活**。

第二名：想要充實工作以外的生活，所以**希望工作不多不少剛剛好**。

第三名：工作只是為了謀生，所以**希望適度適量就好**。

當然了，每個人的想法各有差異，但是**「對於多數年輕人而言，拚命工作不是美德」**已然成為現今社會的普遍認知。

除了進公司當職員，年輕人還有更多選擇

那麼，我們該如何思考這件事呢？我認為首要之務是「別把自己的想法隨意套在

別人身上」，對於年輕世代的心理，我們要先有一些基本概念。

現在這個時代，賺錢的方式及休閒娛樂的選擇越來越多，即使沒有什麼錢，也能玩得很盡興。對他們來說，只要上網就能買到便宜好物，不需要的東西就隨時轉手賣掉。想要出門旅行也能說走就走，在比價網站上，一張新加坡單程機票不用兩萬日圓就能買到。

他們很熱衷「把興趣當副業」，既開心又能賺錢。無法在公司出人頭地也沒關係，開一間公司就能自己當老闆。現在很多企業新進員工擁有個人事業，我常聽到培訓課程的學員在聊天時談起「我還有其他公司，目前交給朋友管理」或是「在金融商品市場的交易動輒數百萬」等等。

已故天臺宗大阿闍梨酒井雄哉先生說過：**「不需要讓別人覺得自己很厲害。」**這句話的意思是，只要活得像自己，不需要太用力，能夠一天一天好好地過下去，就是很重要的生活方式。稍微想一下年輕部屬的想法與這句話有何共通點，或許你的思考角度就會有所改變。

其實，**只要好好和他們對話，就能明白他們並非不認真工作、一心只想著偷懶，反倒是希望每一天都能生活得更充實。**

讓部屬覺得「以工作為重心的生活」也不錯

回過頭來說，如何激發出部屬「必須全心全意，努力工作」的心態，是領導者的責任。要做到這件事，**唯一的關鍵是「針對每個人的需求，提供合適的動機」**。

前面提到的調查報告中，排名第四的回答是「如果工作值得付出熱情，我不排斥以工作為重心的生活」。由此可見，若能調整管理年輕部屬的方式，便能看見改變的契機。

本書為各位主管介紹了幾個方法，可以有效激發部屬的工作動機、產生「我想要更投入現在這份工作」的想法。

當責主管這樣做

只要讓部屬覺得這份工作「值得付出熱情」，他們就會全力以赴！

06 部屬覺得自己「不受重視」，主管哪裡做錯了？

覺得部屬的表現不錯，放心把工作交給他們，

部屬卻說：「希望主管更關心我們一點！」

他們明明就不是小孩子了，為什麼會說出這種話……

主管越是放心，部屬越是委屈？

「感覺不受重視！主管一點都不關心我們！」我在企業培訓課程中經常聽到這類抱怨。身為主管的各位，應該覺得很無辜吧？「明明是因為部屬一向表現不錯，所以我很放心把工作直接交給他們處理，為什麼他們會這麼想呢？」

答案很簡單，**因為你「太放心」了**。一旦共事久了，許多主管會掉入這樣的思考陷阱：信任部屬的能力，直接把工作交辦出去，認為他們可以獨立作業，不需要緊盯每個環節。**越是想要尊重部屬的主管，越容易產生這種盲點。**

坦白說，我以前也犯過這種錯。當時的想法很單純，覺得部屬表現不錯，可以放心將工作交給他們處理，然而他們卻抱怨：「希望主管可以更關心我們。」實際上，他們真的做得很好，所以我雖然嘴上說著：「你們很厲害，不需要我操太多心。」內心卻一邊想著：「他們該不會只是像小孩一樣，想引起我的注意吧？」

於是，我試著再多說一些感謝的話，但這似乎也不是他們想要的，最後他們說出了「請您也來做一次我們的工作看看」這句職場常用語。

熟知工作流程，不讓「放心交辦」變成「放任不管」

明明本意是好的，結果卻事與願違，我當下受到很大的衝擊。於是，我決定好好觀察其他主管怎麼做，歸納總結之後，研究出一套「交辦工作方法論」。這套方法論有一個很重要的關鍵：**明確區分「放心交辦」與「放任不管」的不同。**

放心交辦工作的主管隨時都能**「具體說出」部屬正在處理的工作內容**，放任不管的主管則是說得「含糊不清」。當部屬感到「不便、不安、不滿」時，放心交辦工作的主管能夠**「根據事實」提供解決方法**，放任不管的主管只能「根據臆測」回答。

舉例來說，假設部屬正在處理建構公司內部系統的相關作業，身為主管的你即使不太熟悉這套系統，但是因為你有類似的處理經驗，所以相當瞭解這項工作的流程。

如果主管一問三不知，不僅無法和部屬討論工作流程，也可能會提出完全狀況外的改善策略，反而加重部屬的工作壓力。

我認為，這跟教孩子足球和數學是一樣的道理。就算你不擅長踢足球，至少知道足球是什麼樣的運動；就算你背不出方程式，至少知道數學的基本概念。只不過，你還是有一些必須做的事，比如帶孩子去看足球比賽、講解數學題目的意思等，也就是對孩子**「付出關心」**。「要不要問一下教練？」「要不要找老師討論一下？」只要平常付出關心，就能隨時發現孩子的需求，給予適當的建議。

當責主管這樣做

瞭解「放心交辦」與「放任不管」的差異，就不會讓部屬覺得被忽視。

07 「不時時提醒」就覺得很不安，你是控制狂主管嗎？

員工是來工作，不是來玩的，絕不允許犯錯，
我必須事事教導、時時確認。
但是，為什麼我做了這麼多，他們卻一點進步也沒有……

因為部屬容易犯錯，主管必須凡事插手？

你聽過「微觀管理」（micromanagement）嗎？它指的是**密切觀察部屬、對每一個工作細節和步驟下指示。**

「我想你應該知道怎麼做，明天早上要先把這個部分填好喔！」

「企畫書寫好先給我看一下，萬一有錯就不太好了呢！」

「謝卡不趕快寄出不行喔！」

由於字裡行間隱含了「沒有做到的話不行」的訊息，即使語氣再溫柔，聽到的人仍然會有不舒服的感覺。我想，應該沒有人會主動靠近「不舒服」的人事物吧。**越是獨立思考、喜歡自由的人，一旦遇到這種微觀管理的主管，肯定會想離職**，他們的心情就像是受不了父母過度干預而離家出走的孩子一樣。不過，有些主管會如此在意枝微末節，有的時候是因為部屬還未成氣候。遇到這種情況，該怎麼做才好呢？

事事干涉的龜毛主管，會扼殺部屬的動力

責任感越強的主管，越容易有微觀管理的毛病。對此，要自我提醒：**主管的責任是「讓部屬成長」，而不是「眼前的細節」**。

根據愛德華．德西與理查．萊恩（Edward Deci and Richard Ryan）所提出的「自我決定理論」（Self-determination theory，SDT），人們無法透過「被迫去做的工作」獲得成長。主管應該**著眼於「自我決定感」**，否則部屬會認為「雖然沒有達成目標，

但是我已經按照主管要求，打了三十通電話，應該沒問題了吧」，像這樣漸漸習慣把責任推給別人。所謂自我決定感，是指「出自於自己選擇」的感覺。有高度的自我決定感，即使失敗了，也能自我反省「雖然目標還沒有達成，但是沒關係，下次更努力」，轉化為下一次的成長動力。

我看過一個電視紀錄片，在星野集團的社內會議上，星野佳路社長經常說出這句口頭禪：**「接下來呢？要怎麼做？」**這正是激發自我決定感的句子。員工聽了，也這麼回答：「社長以我們為榮，我們會努力！」

過程比結果更重要，失敗比成功更容易讓人迅速成長。過度擔心部屬犯錯而事事干涉的主管，只會阻礙團隊進步。沒有人永遠不出錯，每個主管都應該這樣思考：**只要不是致命的差錯就沒關係，他們會在過程中累積寶貴的經驗。**

有時，錯誤是最好的老師。當部屬在工作上出了錯，不妨這麼說：「希望你能活用這次失敗的經驗。接下來呢？要怎麼做？」

當責主管這樣做

容許小錯，才能避免大錯。不要剝奪「讓部屬成長」的機會。

08 面對「沒大沒小」的新鮮人，主管應該如何溝通？

這些新進員工真難帶……

總覺得再怎麼教都是對牛彈琴，白費唇舌。

不過，老是惹毛我就算了，萬一哪天得罪客戶就糟了！到底該怎麼溝通呢？

沒知識也要有常識！搞不懂他們在想什麼

剛進公司、什麼都不懂的新鮮人，有時會讓負責指導的主管或前輩感受到不小的壓力。

舉例來說，想和他們認論犯錯的原因時，對方滿不在乎地回答：「因為沒有人教過我要怎麼做。」想要一起檢討失敗的理由時，他們說：「我是完全照你說的去做啊。」想詢問上完培訓課程的感想時，只得到像是上對下的評價：「很多內容早就知道了，上這個課滿沒效率的。」

讓人聽了只想發飆大吼：「拜託，也太沒分寸了吧！」

但是，就算訓斥他們「給我差不多一點！」，我想應該也行不通。因為他們離開校園後，尚未建立好職場人應有的心態就步入社會，無論再怎麼罵也無濟於事。最傷腦筋的是，他們如果持續以這樣的態度工作，必然會引起其他部門反感或是客戶不滿，如此一來，「主管教導無方」的指責排山倒海而來也在所難免了。

從「多樣性」的觀點來看待，和你不一樣很正常

如果你有這樣的煩惱，建議換個角度思考：**這是由於成長環境不同所造成的文化差異，不要理所當然地認為對方應該和自己一樣**。用這樣的觀點來帶人，他們的態度一定會大幅轉變。

舉個例子，你可以把對方當成是在國外長大的人。出國的時候，應該多少遇過一

些顛覆常識、令人驚訝的狀況吧？前些日子我去香港，搭渡船的時候，隔壁一位男性用手機大聲播放廣東話影片，後面的婦人則像是在吵架一樣大聲聊天。這在香港是很常見的情景，並非他們有問題，純粹只是日本跟香港的生活常識不同罷了。如果他們來到日本工作的話，就**必須先讓他們瞭解公司的基本規則**。

試著將這個想法套用在新鮮人身上，好好地說明：「在職場上，希望可以有精神地打招呼。」「開會的時候，請提前五分鐘進會議室，確認一下東西是否準備齊全。」。

一直想著「這些事不用說也知道」，雙方一定無法順利共事。

確立唯一準則，就能避免雞蛋裡挑骨頭

話雖如此，如果這也提醒、那也叮嚀，未免太費力氣，何況他們一下子也吸收不了。因此，只要教一個最重要的觀念就好：**處理所有事情時，想像一下對方的立場**。

把這個觀念好好傳達給部屬，並且每次都給予回饋，比如「剛才電話應對得不錯喔，你有站在對方的立場」，或是「剛才的問候方式似乎不太妥？你覺得呢？（從對

方的角度思考）」，輕率的言行態度就會像被推倒的骨牌一樣，接連發生轉變——從原本死氣沉沉的問候語，改為充滿活力的打招呼方式。不再抱怨培訓課程，而是心懷感謝，認真學習。學會替他人著想，提前把相關的資料準備好。

換句話說，**培育新鮮人的重點是「提供準則」、「給予回饋」**。如果沒有先建立「內在準則」，而是死命緊盯著對方的「外在舉止」，很容易淪為雞蛋裡挑骨頭的批評。

任何事都一樣，「核心」才是最重要的。

當責主管這樣做

主管毋須事事叮囑，讓部屬學會「站在對方的立場思考」。

第2章

運用有效的交辦技巧，讓部屬的能力「覺醒」

01 重視部屬的發展，不強求「立即的成果」

只交代一些簡單的任務，稱不上是「交辦工作」。
能夠讓部屬覺醒，才是真正擅長交辦工作的主管。
用對方法，廢材也能變人才！

交辦重要工作，接納部屬犯錯的可能性

某天，有一位咖啡廳老闆跟我說，他懷疑店裡有個兼職員工會偷偷從收銀機裡拿錢。等到發現確有此事之後，老闆找來那位兼職員工，溫和地訓誡他：「這樣做是不對的，你還有大好的前途，不要再做了好嗎？」老闆不但沒有解僱他，反而讓他負責

收銀。

自從那位兼職員工被交辦收銀的任務之後，就不曾偷偷拿錢了。更令人驚喜的是，他展現出前所未有的幹勁，賣力工作，沒多久就被升任為店長助理。咖啡廳老闆當時的決定，可說是促使員工覺醒的關鍵。

從這個例子中，我們可以看出一個重點：交辦工作時，主管必須有決心。**所謂決心，指的是「賭上這個人的潛力」，以及「如果將來被背叛了，也是我自己不好」。**

我和許多企業經營者聊天時，都會轉述這個故事。他們聽了之後，回應幾乎如出一轍：「我經常很擔心會被員工背叛。但是，**如果不把工作交辦出去，就什麼事也做不了。」**

相信「人一定會改變」，製造改變的契機

期待立刻看到成果的主管，很難交辦工作給部屬，因為部屬偶爾會犯錯，事情也難免進行得不如預期。我們應該期待的並非立即的成果，而是部屬的發展空間。

日本NHK節目《專業高手》，曾經採訪成城石井超市當時的社長大久保恒夫

先生。大久保社長是相當知名的零售業重建專家，一手推動UNIQLO、無印良品、Denny's餐廳等企業改革。節目中有個小故事，描述一位陷入困境的店長如何瞬間覺醒。

這位店長有點笨拙內向，無法抓住部屬的心，店內的氣氛毫無活力，各項重要觀察指標被評為最低分，整個狀態糟到不行，他就算被公司降職也不奇怪。大久保社長沒有這麼做，而是說了這段話：**「人一定會改變。所以，要製造改變的『契機』。我會等待改變。我對人有信心。」**

後來公司製造了一個契機，讓這位店長前往「快速成長的分店」參觀學習。他看了其他分店的經營方式，大感驚訝。經過一番苦思，這位店長覺醒了。他把部屬召集起來，鄭重地對大家說：「我現在的目標，是打造一間能夠面帶笑容與客人對話的分店。但是我一個人無法做到，必須借助各位的力量，拜託你們了！」

那一天就像是分水嶺，他持續把自己的想法告訴部屬，店內開始恢復活力。

其實，我曾經和熟識該店長的人聊天，好奇之下，藉機向他打聽：「這個小故事是真的嗎？一個人會有這麼大的變化嗎？」

他告訴我，這是真的。大久保先生上任之前，成城石井超市毫無生氣。自從他擔任社長之後，公司內部的氛圍一夕改變，業績也持續提升。十年後的今天，那位店長仍然幹勁十足、表現活躍。

因為一味從「完成任務」的角度來判斷，才會認為「還不到交辦工作給部屬的時候」。**主管應該從「讓部屬覺醒」的觀點來思考，為他們「製造契機」**。

或許你也有不完美的部屬，試著「相信他並且交辦工作」看看，一定能讓部屬覺醒，向前邁進一大步。

當責主管這樣做

把重點放在員工的「成長的空間」，而不是「立即的結果」。

02 不要求部屬「照著做」，讓他們自己摸索

主管最重要的責任不是做事，而是帶人。
提升部屬的工作能力、建立部屬的自信心，是最好的投資。
唯一途徑就是讓他們不斷去做、去嘗試、去學習。

相信部屬的發展潛力，就算「你能做」也「不要做」

主管的必要能力**並非過去的「經驗」，而是對未來的「投資」**。**培育部屬正是投資的一環**。即使運用過去的經驗讓工作順利進行，對於團隊的未來發展卻毫無助益。

交辦工作給部屬，**就算犯錯了也沒關係，讓他們有機會從錯誤中汲取經驗**，才是理想

的領導者。

以前我還是公司職員時，曾經被任命為新事業的負責人。說來慚愧，我一開始做得並不好，第一年的赤字超出預期。於是，總公司發了一封郵件：「副社長有事要跟你談。」

看了信，我當下腦袋一片空白。心想，要是我說錯話，正在進行的新事業說不定就這麼宣告終止了。因為我的直屬主管和副社長關係不錯，我請求直屬主管：「能不能在副社長面前幫忙說幾句話？」由上層直接溝通，應該一下子就能解決。

不過，直屬主管卻給了一個意料之外的回答：「你自己一個人去談吧！」

我頓時感到晴天霹靂，但還是硬著頭皮自己前往總公司，拚命將狀況說明清楚，結果獲得了總公司的支持。因此，透過這次經驗，**我徹底斬斷了撒嬌的天真想法，增強了面對問題的責任感。**

讓部屬能夠獨當一面，是主管最重要的責任

我的直屬主管應該就是為了讓我產生這樣的自覺吧。或許當時的我太習慣撒嬌，

因此他決定「放手」，讓我自己去面對問題。

與其用嘴巴說，讓部屬「累積經驗」才是最好的學習。即使某件事你做起來很簡單，如果那是部屬必須克服的課題，請務必放手，讓他們自己去嘗試。

如果你想要培訓部屬成為未來的主管，那麼，就把一部分**可以全盤瞭解團隊**的工作交給他。如果你的部屬缺乏強烈的企圖心，那麼，不妨**給他一些小挑戰**，透過一次次的成功經驗讓他建立自信。如果你的部屬自視甚高，那麼，讓他**負責照顧後輩**，讓他經歷失敗，提供思考省思的機會。

請好好觀察部屬，他們有沒有各自需要克服的課題？如果對他們有期待，那麼你肯定知道他們應該加強的能力是什麼。主管越早放開手，部屬就越快獨當一面。

觀察部屬的特質與能力，適時給予協助

不過要注意的是，交辦工作前必須好好觀察部屬的特質與能力，否則可能會收到反效果。

首先應該考慮的是**部屬的「成熟度」**。如果是新進員工，主管就要仔細地教導執

行方法；對於中堅社員，則要讓他們學會自主思考。

此外，也要觀察**部屬能否妥善制訂工作計畫**。把工作交辦出去是對的，但如果部屬處理不來，導致頻繁加班，那就本末倒置了。對於不太清楚如何訂定工作計畫的部屬，應該適時提供協助，否則部屬可能會把自己累垮，有時不妨也安排其他前輩從旁予以支援。

此外，無論是哪一種部屬，主管在交辦工作時都應該加上這句話：**「覺得如何？還做得來吧？」**透過確認部屬的意願，讓他們感覺「這是我的工作」，勇於克服前方的重重困難。

當責主管這樣做

讓部屬嘗試各種挑戰，在失敗中成長，就是主管最好的投資！

03 新進員工不需要「呵護」，而是適度的挑戰

「交辦工作給新人？言之過早了吧！」

主管有這個念頭，新進員工就無法快速成長。

按部就班培養部屬，讓他們成為值得託付的人才。

新進員工不是「不想做」，而是「不敢做」

根據瑞可利管理顧問公司於二〇一七年的「今年的新進員工想要追求的事物」調查報告中，有一項值得注意的結果：期待主管交辦工作的新進員工，大約只占五％。

也就是說，二十個人之中只有一個人這麼想。然而，如果主管因此猶豫「那就不

要交辦工作好了……」，這樣的判斷未免太過草率。如果**過於呵護新人，只會讓他們認為「這間公司無法讓我成長」**。

第一章提到，新進員工第四年之後的成長，取決於前三年的經驗。此外，也取決於他們是否累積了「克服困難的經驗」。因此，如果希望部屬成長，那麼在最初的三年，也就是**從他們剛進公司開始，就要一點一點地讓他們接受「挑戰」**。

不過，若是隨意交辦工作，新進員工也會無法負荷。即使認為部屬的能力不錯，但是在他們提出「不好意思，這部分我不太懂……該怎麼做比較好」的疑問時，主管也不可以給出「首先，就照你認為正確的方法，試著做看看」這樣的答案。

因為這會讓部屬感到不安、無所適從。

那麼，該怎麼做才好呢？

以「我們一起」、「確實指導」的原則交辦工作

別擔心，把工作交辦給新進員工，完全不會有問題。但是，必須牢記「我們一起」、「確實指導」這兩個關鍵詞。

前面提到的調查報告，其中有一項是「新進員工期待主管做的事」，統計結果第一名為**「傾聽對方的意見與看法」**（四十七％），第二名則是**「對每個人都細心指導」**（四〇・一％）。

交辦工作時，請試著運用以下五個原則。

【掌握五原則，順利交辦工作給新進員工】

①交辦事項以低風險的「團隊工作」為主。
②用5W1H的觀點告知員工「具體的工作進行方式」（為什麼交給你、要做些什麼、該怎麼進行、何時完成、中間是否需要回報、有問題時該如何處理等）。
③告知後，確認員工是否有「不放心的地方」以及「不懂的地方」。
④慎重起見，請員工覆述一次「該做的事」。
⑤接著，互相確認「能否達成任務」，稱讚員工做得好的部分。

如此一來，新進員工在被交辦工作的同時，也會因為主管「有好好聽我說話（我們一起）」及「仔細教我（確實指導）」而抱持感謝。

牢記這個方法之後，我開始將**「製作資料」**、**「收集客戶意見」等風險較低、新進員工也能勝任**的工作慢慢交辦出去。你的職場一定也有這類低風險、「非做不可的工作」吧？把它們交辦出去，部屬的成長速度將會大幅提升。

為了盡早把部屬培養成「值得託付的人才」，請務必試試看。

當責主管這樣做

交辦工作對雙方都有好處，以「我們一起」、「仔細指導」的原則交辦工作吧！

04 主動分享自己的失敗經驗，別當「完美」的主管

「毫無破綻」的優秀主管，有可能削弱部屬的自信。

厲害的主管，反而會主動分享自己的「失敗經驗」。

請讓部屬看到你的「弱點」，打造一個高績效團隊。

「好好看我怎麼做」的態度，導致部屬什麼都不敢做

前幾天，我在名古屋車站前的餐廳吃飯。動作俐落的店長如同被按下快速鍵一樣，以一副像是在說「好好看著我怎麼做」的姿態，把店員晾在旁邊，自己一個人在廚房裡忙個不停。

店裡除了他的忙碌身影之外，有跟著動起來的員工，但也有呆呆站著的員工，他就像不小心踩進地雷區一樣不知所措，看起來在想：「感覺不做點什麼不行，但是擅自行動好像會被罵……」

動作飛快的店長，朝著站在原地不動的員工大喊：「還在發什麼呆！沒看到客人都在等嗎？」

員工不知如何是好，緊張地四處張望。

店長立刻接著說：「你這樣看來看去有用嗎？知道現在要做什麼嗎？」

員工鼓起勇氣，匆匆忙忙地去拿餐盤。店長用眼角餘光瞄到這個舉動，地雷瞬間引爆。

「怎麼會去拿餐盤！你不知道現在要做什麼嗎？」

無論是這位急性子的店長，或是各位負責第一線工作的主管，通常很在意各種細節。然而，如果主管太過強勢，堅持自己的做事方法，認為自己是在教育部屬，**抱持「好好看著我怎麼做」的高高在上態度，只會讓部屬什麼都不敢做，徒增部屬的恐懼感。**那麼，該怎麼做才好呢？

巧妙展現自己的弱點，讓部屬擁有「心理安全感」

如果期待部屬全力揮桿，必須先讓他們感受高爾夫球道有多寬闊。

身為企業培訓課程的講師，我接觸過許多管理者。其中有幾位優秀的主管，他們帶領的團隊不但離職率低，部屬也具有高度的自主性。這些人異口同聲提到：**「要主動分享自己的失敗經驗。」**

舉個例子，有一位主管經常和部屬分享這個經驗：「當我還是新人的時候，為了達成目標，壓力大到忘了從客戶的角度去思考，直到被客戶痛罵一頓，我才終於恍然大悟。真是慚愧啊！從此，我時刻牢記：做任何事都要站在客戶立場思考。」

短短一段話，對於激發部屬的自主性卻有絕佳的效果。

「能力這麼頂尖的主管，新人時期也犯過錯。既然如此，主管應該比較願意容許失誤吧，感覺沒那麼不安了。」部屬覺得球道很寬闊，就能放心揮桿。

此外，善於激發部屬自主性的主管，還有一個共通點：即便是知道的事，也會裝作不知道，向部屬請教。

「要怎麼幫新進同仁辦歡迎會呢？」

「這樣啊，請大家一起寫歡迎卡片怎麼樣呢？」

「原來如此，還有這一招。如果你可以協助安排的話，就幫了我一個大忙，你意下如何呢？」

「我瞭解了，我們大家再一起想想看。」

就算知道，也假裝不瞭解，讓部屬盡情地自由發表個人意見。

這種「可以自由發表意見，不用擔心」的心理狀態，有一個專有名詞：心理安全感（psychological safety）。**想要提升部屬的心理安全感，可以運用「分享失敗經驗」、「假裝自己不太瞭解」**等技巧。

讓部屬看到你的「弱點」，就能加強部屬的自主性。

當責主管這樣做

主管巧妙展現自己的「弱點」，可以激發部屬的自主性。

05

接納部屬提出的意見，不被「過往經驗」侷限

沒有經驗的人，往往能走出一條與眾不同的路。

擁有良好實績或經驗的人，反而容易畫地自限。

保持開放態度的主管，能激發團隊最大的創意。

毫無經驗的人，往往是最強的開拓者

前幾天，我和三位健身房老闆一起聊天。其中一位是體格健壯的前職業拳擊手，一位是肌肉結實的現役健美選手，另一位以前竟然是個編輯。

我們聊到**「『沒有經驗』是最好的武器」**這個話題時，前編輯說：「我一開始對

健身房完全不瞭解，只能邊問邊學。我會把工作交辦出去，員工則會拋出一些意想不到的提案。如果我認為提案內容還不錯，就試著先做做看。多虧有這些員工，健身房到目前為止營運得很順利。」

雖然他說得謙虛，實際上，他的健身房因為設備完善、概念新穎，近來相當受到矚目，業績穩定成長。

我聽過很多經營者說：**「有時候真的比不上一些沒經驗的門外漢或年輕人。只要他們覺得某個想法不錯，就會毫不猶豫地大膽去做。」**

換句話說，正因為他們沒有任何經驗，因此必須聽取熟悉現場狀況的部屬的意見，就算這些意見有點「天馬行空」，他們也能坦率地接納採用。這種大膽開放的態度，與「擅長交辦工作」密切相關。

許多嶄新的商品或服務，都是從這些「天馬行空」的想法之中誕生的。以健身房這個產業為例，無論是主打飲食控制的私人健身中心 RIZAP，或是充滿夜店風的拳擊健身俱樂部 b-monster，和傳統健身房相較之下，它們顯然有更多天馬行空的創意。

不堅持己見，就是勝負的關鍵

那麼，如果你是經驗豐富的主管，又該怎麼做才好呢？

首先要掌握第一個重點：不堅持己見，就是勝負的關鍵。聆聽部屬的意見，就算出現「天馬行空」的想法，也不妨嘗試看看。

【採取六行動，成為擅長交辦工作的主管】

- 主動聆聽部屬、客戶的意見，瞭解現狀。
- 此時，詢問部屬與客戶的「三不」（不滿、不便、不安）。
- 建立一套自己的「假說」（這樣做的話適合嗎？）。
- 聽取多數部屬的意見。
- 請部屬提出新企畫案（跳脫既有框架）。
- 首先，從小實驗做起，建立新的「勝利法」。

再來要記住第二個重點：先建立一套自己的「假說」。不這麼做的話，很容易被部屬的提案牽著鼻子走。身為團隊的領導者，「大家都這樣」不應該當成做決定的憑據。

回顧一下最近半年的狀況，如果發現部屬的提案很少，或是自主性不夠，請試著**採取「由下而上」（bottom-up）的模式，徵詢部屬們的意見**，或許會激發出意想不到的好點子。如果你覺得工作職場或是商品服務有需要改進的地方，也可以主動詢問部屬的想法。

當然，除了前面提到的這些情形，各種問題都能和部屬一起討論，或許會共同想出更多超越主管自身工作經驗的驚人創意。

覺得如何？就從接下來這一個月開始做看看吧！經由反覆執行這個過程，相信你的領導風格將會更加確立。

當責主管這樣做

採取「由下而上」的模式，聆聽部屬的意見，嘗試各種天馬行空的點子！

・06 由上而下與由下而上，靈活運用兩種管理模式

做決定時，不要說出「照你們喜歡的做」這句話。

這不是交辦工作，而是推卸責任。

靈活運用兩種管理模式，問題便能迎刃而解。

做決定的是主管，別讓「交辦」變成「卸責」

最近，逐漸流行一種「想讓大家決定」的領導風格。這種方式沒什麼不好，然而太多人有所誤解：「好吧，既然大家都這麼說，就這樣決定了！」「既然你這麼說，就照你說的做吧！」一旦任務失敗，就開始追究「是誰的責任」。

這不是「交辦工作」，而是「推卸責任」。

舉個例子，我在前公司擔任主管時培養的新人，十年後當上了帶領組織的管理者，我很高興現在能以企業培訓講師的身分再次指導他。

由於是之前帶過的部屬，彼此不用太多客套話，直接說出心裡的想法。

他說：「因為大家都說想要這樣做，所以就決定這麼做了。」

我毫不客氣地回答：「**聆聽團隊的意見固然重要，不過，最後下決定的人是誰呢？**依照你剛才的說法，聽起來像是因為部屬想這麼做。我沒有聽錯吧？」

「是大家一起決定的。」

「那麼，萬一失敗的話，誰要來負責呢？」

「呃……怎麼辦……應該是我吧……」

「你有想過這個問題嗎？」

「原來如此，我沒有想那麼多……」

他努力重視每個部屬的意見，值得給予一百二十分的肯定。加上和他共事多年，我非常熟悉他優秀的為人。

那麼，他該怎麼做才好呢？

主管決定「方針」，員工思考「做法」

首先，要瞭解如何靈活運用「由上而下」和「由下而上」的模式。重點有二：一、**應該要做的事（方針）用「由上而下」來決定；二、執行方法（做法）則「由下而上」做起。**

矢部輝夫先生曾在ＪＲ東日本集團旗下的TESSEI公司擔任創意部長，他是第一位把顧客服務的概念導入車廂清潔的人。這家公司的清掃服務工作，甚至成為哈佛商學院個案研討課程的教材之一。

現今可稱得上是頂尖企業的這間清潔公司，其實最初也曾經歷員工動機薄弱的時期，整個團隊瀰漫著「只要打掃就好了吧」的氛圍。

直到矢部先生擔任主管後，他制訂出明確的方針：「透過清潔工作，我們要販賣的是旅遊的回憶。」**讓大家集思廣益，提供意見。**

有員工注意到，孩子在車站月臺上到處奔跑很危險。於是，為了解決這個狀況，員工提議可以增設「著色畫」區域，讓孩子們能夠邊畫畫邊安靜等候。其他像是「車站內增設嬰兒休息室」、「新幹線除了男女共用的洗手間，也規畫女性專用洗手間

（僅限ＪＲ東日本新幹線）」等，都是由員工的提案而導入的貼心設計。

換句話說，**公司方針，也就是應該要做的事情，必須採用「由上而下」的模式來決定，激發部屬「由下而上」提出執行的方法，發揮最大的效果。**

雖然越來越多主管希望「讓大家一起決定」，但是最終決策權仍要回歸到領導者身上。

再次提醒，「方針」與「應該要做的事」必須由領導者來決定，而「執行方法」則交由大家一起集思廣益。這樣一來，就能創造出更好的工作效率。

當責主管這樣做

應該要做的事「由上而下」決定，執行方法則「由下而上」提出！

07 交辦不代表放任，理解部屬的「負面情緒」

部屬經常抱怨你不夠關心他們嗎？
事實上，有更多人選擇不說出口，默默忍受。
如果不滿持續累積，總有一天會無法收拾。

主管工作能力越強，越容易輕忽部屬的感受

我剛擔任主管時，曾經有兩位部屬對我發出相同的抱怨——老實說，不是單方的抱怨，而是雙方的爭吵。

「我為了伊庭先生都做到這個地步了，可以再多關心我一點嗎？」

當時我還太年輕，想也不想就回應：「我很信任你，所以放心交給你做，你怎麼還會這麼說呢？而且你說是為了我，這也太奇怪了，是為了客戶才對吧！」

「算了，我不想再幫伊庭先生做事了！」

無知是很恐怖的一件事，我竟然毫無領導者的自覺，仍停留在第一線員工的思考模式，完全按照自己的經驗法則，一味認為「所謂工作，就是大家各自發揮專業知識去執行」。

許多主管過去在負責第一線工作時，都能獨立自主、明快處理各項業務。我自己是基層員工時，完全不曾有過「希望主管多照顧我一點」的念頭，因此，剛當上主管的我，一時無法瞭解部屬的內心感受。

優秀員工一旦成為領導者，常常會發生類似的情形。如果不調整心態，就無法成為優秀的領導者。想要順利交辦工作、團隊一起打拚，首要條件是理解部屬的「負面情緒」。換句話說，好主管必須和部屬站在一起，適時提供協助。

擅長交辦工作的主管，絕不會忽視部屬的「負面情緒」。尤其是那些不常在工作場合訴說諸如「寂寞」、「擔憂」等個人心情，不顯露自己的負面情緒，只知道埋頭苦幹的部屬，更需要多加留意。

每週至少一到兩次，和部屬「面對面」說話

第一章詳細介紹過「放心交辦」與「放任不管」的不同，我們再複習一次。

【掌握三原則，區分「放心交辦」與「放任不管」】

- 能具體說出部屬正在進行的工作內容（在當下那個時間點）。
- 能清楚掌握部屬現在的負面情緒（不安、不便、不滿）。
- 針對已經完成的任務提供回饋（表達感謝）。

被交辦工作的部屬，有時會產生「如果發生什麼事，該怎麼辦才好」的不安情緒，因此，**部屬會希望主管能夠隨時瞭解當下的狀況**。

此外，部屬對於自己所做的事，有時會抱持「這樣做好嗎」的擔憂，因此，當部屬表現得不錯時，**主管應該適時給予回饋與肯定**，例如告訴對方：「很棒喔，謝謝你

的幫忙！」部屬會記住這句話，成為下次繼續努力的動力。

我後來也運用了這三個原則，讓部屬感受到「主管很關心我」，強化整個團隊的凝聚力。

最後再推薦一個方法：**每週至少安排一到兩次與部屬對話的時間**。不是站著隨便講兩句話，而是面對面坐著交談。不可使用電子郵件，因為「看著對方說話」非常重要。如果部屬不在公司，也可以使用 FaceTime 或 Skype 等通訊軟體。

談話時，可以詢問對方：「多虧有你幫忙！這週也很謝謝你。你有沒有什麼想法，希望提出來讓我知道的呢？」**即使只有短短幾分鐘也無妨**，根據不同的情況，就算只能聊個數十秒也沒關係。

只要多做到這一步，被交辦工作的部屬就能更安心。

當責主管這樣做

試著理解部屬的「負面情緒」，主動創造對話的機會。

第3章

換位思考，成為「部屬想要一起工作」的主管

01 身兼執行者與管理者，必須學習切換角色

身兼兩種角色的主管，經常左右為難。

想要多關心部屬，就沒有時間處理分內工作。

唯有突破這個困境，才能成為真正的領導者。

你的時間有限，請把「管理」放在第一順位

身兼第一線工作的主管，往往會煩惱「沒時間和部屬對話」。這是因為**第一線的工作，與領導者的職責**，並非「又做漢堡又做沙拉，讓晚餐既營養又美味」這種「互補」的關係，而**是彼此「相對」的關係**。

或許這個比喻不算貼切，想像一下，職業婦女處於工作模式時，勢必難以兼顧家事及育兒。同理，主管若是處於第一線員工的模式，勢必無法好好管理部屬，最終導致兩邊的成果都不上不下。

想要兼顧二者，祕訣在於：和部屬接觸時，必須立刻切換模式，用主管的身分去應對。

根據「緊急度」與「重要度」，分辨優先順序

那麼，什麼是「主管模式」呢？

如果說，第一線員工的目標是追求自身的業績，主管則完全相反。領導者必須暫時放下自己手邊的事，**優先從整個團隊、所有部屬、服務客戶為出發點來思考。**

記住一個重要的原則：既然身為領導者，處於「主管模式」的時間，理當多於「第一線員工模式」的時間。也就是說，如果你**身兼執行者與管理者，應該優先採取主管模式。**

舉例來說，假設你隸屬於業務部門，當部屬來找你商量，希望你務必一起參與

一場重要的業務洽談，你就應該放下手邊的企畫案或其他分內工作，陪同部屬一起出席會議。就像孩子重感冒、發高燒時，家長不得不請假帶孩子去看醫生，是相同的道理。如果發現部屬失去工作動力，即使手邊的事情很重要，主管也必須立刻找部屬好好談一談。

話雖如此，許多主管無法釐清「何時該以自己的工作為優先」。如果你也有這種煩惱，我建議**根據事情的「緊急度」與「重要度」來判斷**。所謂緊急度，指的是「當下不先處理」會出問題；所謂重要度，指的是「現在不先進行」就沒有第二次機會了。如果某項工作同時具備極高的緊急度與重要度，就請部屬稍候，優先處理這件事，避免造成他人困擾或喪失先機。

除了上述情況之外，**平時應該把「部屬的事」放在第一位**，才是正確的做法。

做得又快又好，打造「準時下班」的高效團隊

看到這裡，或許你會懷疑：「照你這樣說，我怎麼可能還有時間執行第一線工作呢？」

請重新審視一下自己的工作，是不是有一些不需要你親自執行的事情呢？把它們交辦給部屬。**交辦出去的工作越多，你的時間就會越多。**

如果只是例行性的業務拜訪，就放心交給部屬，不需要兩個人一起去。想要掌握新進員工的詳細狀況，不妨導入「小老師制度」，讓其他部屬協助你照顧新人。晨會或工作會議不一定要由你主持，讓每個部屬輪流主導會議進行，提升他們的自主性。

雖然稍嫌囉唆，但我還是要再強調一次：主管必須把部屬的事放在第一位。並非要你留下來加班，把自己的事做完，而是請你**將工作分門別類，放心交辦出去，不要緊抓著不放**。

勇敢地把工作交辦給部屬吧！

當責主管這樣做

面對部屬時，切換成主管模式，把自己的事情放在一邊。

02 避免自我中心，接受部屬不同的價值觀

優秀的主管，不會抱持「理所當然」的想法。
即使無法理解對方的價值觀，也要學習接受。
「我不是唯一的標準」是領導者基本的心態。

不想成長的員工，急於批評的主管

擔任第一線員工時表現得越優秀，當上主管之後越需要注意：**一路打拚上來的人，經常誤把自己的標準視為「理所當然」**。

我過去也有這種傾向，為此吃了不少苦頭。舉例來說，我一直深信「做業務就是

要別人更勤快」、「不努力就不會成功」，全心全意朝著「成為頂尖業務員」的目標前進。當了主管後，我也經常用自己的標準要求部屬。「如果成功做好這件工作，就能運用到其他狀況。」「想成為頂尖業務員，最好多閱讀商管書喔！」「要成為佼佼者，除了努力，也要掌握『正確的做事方法』。」

被派任至某個部門時，有天，一位部屬告訴我：「我不追求什麼成長啦，只要工作上盡到自己的本分就好了。」聽到這段話，我的腦袋瞬間一片空白，立刻從負面的角度來看待他，拋出一句批評：「你這樣子太浪費生命了！」

內心只有單一標準的主管，很容易像這樣「隨便批評部屬的想法」。

無法理解也沒關係，不要否定部屬的想法

準備發表你的論點之前，請先關心對方的價值觀，想像一下：我的想法是這樣，但是對方一定有不同的想法。首先，問問對方為什麼這樣想。**即使真的無法理解也沒關係，但是必須表達尊重、學著接受。**

以這位「不想成長的部屬」為例，只要仔細詢問他，就能瞭解是怎麼一回事。

他出社會後的第一份工作，基本上是一家「黑心企業」，不在乎客戶的想法，一味地強迫推銷。和他同期進公司的人，大部分都離職了。他為了努力留下來，內心天人交戰，最後想到的方法是「把心關起來，只做好自己分內的事」。久而久之，就成為他對工作的基本態度。

我既不贊成也不歡迎這種工作態度。但是，我能夠接受他為什麼這樣想——不，應該說我必須接受。對他來說，長期形成的價值觀已經不太可能改變了。對我來說，**重要的是知道這個價值觀的形成原因**。此時，身為主管的我，有兩件事能做。

第一件事是**積極地交辦工作給他**，讓他展現自己力所能及的成果。同時也要考慮到，在他成為主管之後，這種做法可能就不太適用了。因此，第二件事是**持續與他對話**，試著從其他的角度切入，一點一滴地分享自己的想法。

不要否定部屬。無論哪一種價值觀都要學著接受，是主管最基本的態度。

當責主管這樣做

不要否定任何一種價值觀，請表達尊重、學著接受。

03

尊重部屬的私人時間，夜晚和假日不要發訊息

「不趕快通知我會忘記，明天有其他事要忙。」

就算心裡再著急，也不要在晚上發訊息。

請為對方著想，讓部屬好好休息。

非上班時間，就算再心急也不要打擾部屬

隨著時代改變，工作方式也受到影響。在以前，晚上或假日發訊息給部屬，是稀鬆平常的事。現在不一樣了，公司的人事部門通常會明文禁止，因為這個行為很有爭議。

就算再怎麼急於提醒交辦工作的進度，也絕對不可以在夜晚或假日發訊息聯絡部屬。原因有二，一是從勞動法規的角度來看，這形同超時工作；二是從風險管理的觀點來看，非上班時間收到訊息，會造成很大的工作壓力，容易讓部屬失去工作動力，萌生辭意，這麼一來就本末倒置了。

「什麼啊，也太脆弱了吧！」或許有些人會這麼想。然而，並非現在的員工缺乏抗壓性，而是勞動法規變得更嚴格了。

如果你認為「我們公司可沒這種規定」，這個想法非常危險。**要是不盡快改變觀念，很可能加速提高員工離職率。**畢竟現在轉職比過去容易得多，徵才網站與獵人頭公司如雨後春筍，隨時可以找到條件不錯的職缺。

「只是發個訊息，沒什麼大不了」的觀念，已經不適用了。

擅長交辦工作的人，會考慮「對方的價值觀」

如果你是個急性子，或許一時難以改變這個習慣。那麼，請你試著想像：要交辦工作給從小接受外國教育的部屬，該怎麼做？

我的團隊裡曾經有一位非本國籍部屬，無論工作再怎麼忙，每天一到傍晚六點，他一定準時下班。

我也有一位任職於製造業大廠的西班牙友人，他是新進員工，經常跟我說：「我完全無法理解，為什麼日本同事都不想要使用特休。」

我朋友的公司裡，有一位女性職員是美國人，她也說過：「下班後不是跟家人朋友相聚，而是和同事應酬，太奇怪了。」

基本常識不是只有你知道的那一個。想要順利交辦工作，必須先牢記「每個人的想法都不一樣」。

寫好交辦內容，預設訊息和郵件的發送時間

和交辦工作的道理相同，當你忍不住想發訊息之前，請試著想像：**這些訊息會不會讓對方反感，或是造成部屬無形的壓力？**

身為主管，請不要打擾部屬下班後與休假日的私人時間，讓他們可以好好放鬆心情。如果擔心自己現在不馬上寫訊息會忘記的話，建議**把傳送時間設定成隔天早上。**

多為部屬著想，當個貼心的主管。

最後做個總結：即使急著交辦工作，也切勿選在晚上或是休假時發送訊息。否則會造成部屬無形的壓力，進一步導致部屬情緒低落，甚至萌生辭意，或是產生「我沒辦法跟這種主管共事」的不信任感。

「跟我不一樣也無妨，我尊重對方。」請抱持著這份心情，這是交辦工作的基本原則。

當責主管這樣做

多替對方著想，成為擅長交辦工作的主管。

04

嚴謹而仔細是「信用」，認同並重視是「信賴」

部屬的工作表現不錯時，當然要予以讚美。

不過，如果僅止於此，無法抓住部屬的心。

就算犯了錯，主管也應該溫暖地給予支持。

成為部屬的夥伴，讓對方願意主動為你做事

「主管交代一件事，會主動完成『五件事』、甚至『十件事』，真希望我也有這樣的部屬……」你也有這種想法嗎？

現在，我們試著從相反的立場來思考。

「如果是為了我的主管的話……我願意多做幾件事！」你是能讓部屬產生這種想法的主管嗎？

這就是所謂的「令人尊敬」的主管。根據二〇一八年日本英才公司的問卷調查統計，約有七成的人曾經遇過令人尊敬的主管。由此可見，這種主管很常見，並非少數特例。換句話說，你也可以成為這樣的主管！

為了達到這個目標，首先必須**區分「信用」與「信賴」**。

〈信用的定義〉

說出口的話一定會做到。我遇到不懂的事，他一定會鉅細靡遺地教導。也就是「嚴謹而仔細」的領導風格。

〈信賴的定義〉

不論發生任何事情，都會是「我的夥伴」。即使犯了錯、工作不順利，仍然相信我的能力。也就是「認同並重視」的領導風格。

部屬的尊敬，來自於主管的信賴

前面提到的調查報告中，還有一項提問是「令人尊敬的主管有什麼特點」，無論是年輕員工或資深員工，排名第一的答案都相同。**主管令人尊敬的原因並非取決於工作能力，而是「人品值得信賴」**（高達六成）。

我整理歸納了這些員工的回答，用自己的話重述如下：

- 在我犯錯之後，馬上來瞭解狀況、給予關懷。
- 在斥責時，不忘替部屬著想，比如「客戶固然重要，保護部屬也是我的工作」。
- 認同我的工作表現，所以我會想要做得更好。
- 主管的薪水比較高，因為他必須承擔所有責任，包括部屬犯的錯。主管跟我說，要我放膽去做、不要怕犯錯，不要讓他成為公司的「薪水小偷」。
- 我有困難時，站在前方當擋箭牌，有受到保護的安全感。

從上述回答中，我們可以看出，**不論部屬是否犯錯，始終非常重視部屬的主管，是令人尊敬的對象**。這也是我們所追求的目標。

當我還是第一線員工時，曾經有一次差一點點就能達成業績目標，最後卻沒能完成，心情非常沮喪。主管直接打了通電話給我，爽朗地問：「要不要一起去吃蕎麥麵啊？」我以為要挨罵了，沒想到就在我們吃著蕎麥麵的時候，主管對我說：「你做得很好了，或許你覺得不甘心，但這也是一種學習。記住你現在的心情，繼續努力下去喔！」那一瞬間，我心中浮現出「想要為了這位主管繼續打拚」的念頭。

每個團隊裡都有各式各樣的人，比如無法獲得好表現的部屬、工作動力低落的部屬、存在感不高的部屬、被同期超越的部屬……等。如果你發現了需要關心的部屬，試著和他們說說話，一定會有意想不到的效果。**被主管認同，在部屬心裡所產生的強大趨動力，絕對超過主管的想像**。

我相信，部屬一定會為了這樣的主管更努力工作。

當責主管這樣做

對於犯錯的部屬、沒有幹勁的部屬，付出更多關心，跟他們說說話！

05 運用「讚美技巧」，提升部屬的工作動機

經常說「做得好」、「恭喜你」、「謝謝」很重要。
貼近內心的讚美，可以進一步激發部屬的幹勁。
每個身為主管的人，務必把「讚美」列為必修科目。

注重「內在歸因」，效果更好、持續更久

「過去這一週內，你稱讚過部屬嗎？」這是我在企業培訓課程中的必問題目，其中約有九成的人回答「有」。當我進一步詢問「你都稱讚些什麼」，大部分的答案是「工作表現」或「努力程度」：

- 當他們協助我的時候
- 當他們完成我交辦的工作時
- 達成目標的時候

事實上，這樣的讚美方式無法提升部屬的工作動機。想要提升工作動機，讓他們在行動上有所改變，必須要針對「能力」與「內在」來稱讚。

有一項研究調查報告（編註：Grusec,Kuczynski, Simutis, & Rushton, 1978），針對「不同的讚美方式如何影響孩子的行為動機」，研究各種讚美方式所帶來的效果。

這項研究設定了一個遊戲場景，研究人員運用以下兩種讚美方式，觀察哪一種小朋友會分享比較多的玩具給別人。

A：「你**分享給其他人玩**，真的很棒喔！」

這是**「外在歸因」**，僅從已完成的事或結果給予讚美。

B：「你懂得分享，這份**替別人著想的心情**，真的很棒喔！」

這是**「內在歸因」**，考慮到當事人的能力給予讚美。

研究結果顯示，B的小朋友會分享比較多玩具給別人。運用「內在歸因」的讚美方式，會讓小朋友願意分享更多玩具。而且，經過兩週之後，這些小朋友仍因受到讚美而維持良好的行為。

讚美的技巧，是優秀主管的必修科目

只要瞭解何謂「正面禮貌」（Positive politeness），就能理解箇中原因。**「正面禮貌」指的是一種想要獲得他人認同與好感的內心需求。**然而，在工作場合，公司只要求員工拿出工作表現，經常忽視「滿足部屬這種內心需求」的機會。

所以，主管更需要適時給予讚美。正是因為身處嚴格要求工作表現的職場，只要運用「內在歸因」的方式，讚美部屬的內在與能力，就能馬上看到效果。

- 謝謝你的幫忙。你**總是這麼細心**，幫了我一個大忙。
- 我請他做的事，他都一一完成了，我很開心**他這麼周到**，真的很感恩。
- 恭喜你達成目標。**你真的很讓人放心**，謝謝你。

覺得如何？如果被主管這樣稱讚的話，你是不是也會產生「我要再更努力一點」的心情呢？

以下介紹一項有趣的研究調查，提供給各位參考。這份研究是以不同性別與年齡來區分，統計哪一種讚美詞彙比較常用、大眾喜歡聽哪一種讚美詞。（編註：林宇萍&林伸一〈「讚美」的使用頻率與「被讚美」的好感度〉（2）：十至二十歲的同性與異性之差異〔2005年〕／同（4）：五十至六十歲的同性與異性之差異以及與其他世代的比較〔2008年〕）各年齡層的前五名如下所示：

十歲至二十歲／男性：溫柔體貼、開朗、快樂、好相處、有精神

十歲至二十歲／女性：溫柔體貼、開朗、快樂、好相處、可愛

五十歲至六十歲／男性：溫柔體貼、開朗、替人著想、有精神、可靠

五十歲至六十歲／女性：溫柔體貼、開朗、替人著想、有精神、可靠

雖然有些微差異，但幾乎可以說大致相同。當你覺得不知道要讚美什麼的時候，歡迎參考這份調查結果。

讚美的技巧，是優秀主管的必修科目。**不能只稱讚「結果」與「努力」的外在歸因，「能力」與「內在」的內在歸因是更重要的關鍵**，請務必牢記在心。如此一來，員工內心便會自然而然產生「我得到這位主管的認同了！我想要更努力」的想法。

當責主管這樣做

讚美的時候，不要只看部屬的表現與努力，也要讚美內在與能力。

06 優秀的主管，絕不要求部屬「為公司而做」

三流主管，只做「工作確認」和「拍馬屁」。

二流主管，會熱情宣導公司的幸福藍圖。

第一流的主管，熱衷於什麼事呢？

挖掘工作價值，不要勉強自己為公司奮鬥

說起來，為什麼我們必須每天通勤，忍受擁擠的大眾交通工具或塞車之苦，去公司工作呢？

或許你會回答：「為了生活。」雖然是理所當然，不過，這個答案就像是在抱怨

「沒辦法，即使很討厭也無可奈何」。

無論從事哪一種工作，每個人都會有「從工作中獲得價值」的渴望。**從新的觀點去發現「工作價值」，是領導者很重要的管理技巧**，這會讓部屬產生「想和這個人一起努力」的想法。

舉個例子，我曾經為某家大型企業培訓年輕員工。該公司有一位偶爾會來日本出差的海外主管，那天他突然來到會場。當時，幾乎沒有任何企業主管會特地前來員工培訓課程的會場。不僅是我，連參與培訓的員工們也相當驚訝。

他似乎有一件「無論如何都想傳達」的事，想要藉這個場合告訴大家。

來到會場後，他緩緩地用簡單的英語對大家說：「身為一位領導者，最重要的，**不是勉強自己去為公司奮鬥。你們應該去思考，哪些事應該做、為什麼必須做**，再把想法傳達給部屬。此外，既然決定要做，就採取聰明的方法，不要做白工了。」

在你看來，他為什麼特地對大家說這番話呢？

練習運用「They」的觀點，傳達工作的價值

其實，這正是領導者應該遵循的基本原則。但是大多數的領導者，從來不曾告訴部屬應該要做什麼、為什麼非做不可，只會一味要求部屬努力、努力、再努力而已。

主管應該向部屬傳達的，**並非「成為公司第一名」、「達成團隊目標」，而是「我們能為社會與客戶做些什麼」**。我把這個觀點稱為「They」（社會上的某個人或客戶）。

即使是一成不變的例行工作，部屬也希望能**感受到「這項工作應該可以幫助到某個人」**，不停追求新的工作價值。

曾經有一位任職於人力顧問公司的二十多歲女性主管，對我這麼說：「我只有高中畢業，過去在找工作時，學歷始終是我求職路上不太順利的原因。不過，撇開學歷不看，社會上其實有很多能力優秀的人。我想要幫助那些因為學歷或其他不利條件，一直苦等不到機會的人，為他們開創另一條路，讓他們能有更多選擇。舉例來說，像Cyber Agent（譯註：以Ameba相關事業和網路廣告為主要業務內容，是日本最大的網路廣告代理商）這麼受歡迎的公司，裡面有一些員工只有中學畢業，我覺得這樣很不

錯。如果沒有透過人力顧問公司的話，就業一定很不容易吧。我們公司，就是機會創造者。」

這段話完全是以「They」的觀點來思考。你覺得如何呢？

像這樣**以「They」的觀點切入，讓部屬感受到「工作的價值」**吧！能夠傳達「工作價值」的領導者，對部屬來說彷彿救世主，讓部屬不再覺得工作枯燥無聊，瞬間產生「遇到這位主管真是太幸運了」的想法。

那麼，要怎麼從「They」的觀點切入呢？我會在下一節深入介紹。

當責主管這樣做

首先，向部屬傳達「我們要為了客戶或社會而努力並做出貢獻」的想法。

07 成為主管之後，首要之務是「尋找使命感」

「無法置之不理」就是使命感。

優秀的領導者，必定擁有這項特質。

透過有效的方法，尋找你的使命感！

任何人都可以簡單運用的「They」觀點

想要如何學習從「They」觀點切入並思考，有兩個大原則。

我在培訓課程中經常講授這兩個簡單的法則，高達九十五％的人都能確實瞭解、實際運用。第一個是根據自身經驗來思考的**「經驗法則」**，第二個是找出或回想他人的「不安、不便、不滿」，我稱為**「They的『不』法則」**。

經驗法則：從自身經驗提取使命感

前文提到了一位只有高中學歷的女性主管，她正是運用「經驗法則」的好例子。以自身的經驗為基礎來思考，「經驗法則」有兩種策略。

〔悲傷策略〕

應該有人跟過去的我一樣，懷抱著不甘心（或悲傷）。但是，我不能再讓任何人有相同的情緒了。因此，我必須認真面對並全心投入眼前的工作。

〔反省策略〕

以某件事為契機，察覺到這份工作的「不可替代性」。強烈地自我反省，必須更盡己所能。因此，必須認真面對並全心投入眼前的工作。

這位高中畢業的女性主管，屬於「悲傷策略」。**提起自身過往的痛苦經驗**，雖然需要相當大的勇氣，但是對於抓住部屬的心，具有極佳的效果。

「反省策略」則是從父母、朋友或其他人身上，看見「即使是微不足道的工作也認真面對」的使命感，**意識到工作的本質**，具有撼動人心的效果。

They的「不」法則：從他人觀點發掘使命感

如果你覺得第一個法則有點困難，那麼不妨試試「They的『不』法則」。它指的是找出或回想他人的「不安、不便、不滿」。

〔找出「不」的方法〕

出門觀察或採訪。蔦屋書店的創辦人增田宗昭先生，就是採用這種方式，不斷推陳出新、發想嶄新商業創意。他提到，靈感不是憑空而來，而是來回走在街上時，思考「人們要怎麼做才會感到幸福」，許多創意點子便會自然浮現。

〔回想「不」的方法〕

回想客戶的真實體驗。有一位銀行ATM系統研發工程師，參加過我的培訓課程，他說，曾經看到一個老婆婆，由於不熟悉ATM的操作方式，多花了一些時間，造成後面大排長龍。有次回想起老婆婆很不好意思低頭離開的景象，促使他產生「必須開發讓大家都能安心使用的ATM系統」的想法。

那麼，你想要用哪一種方法尋找使命感呢？

請注意，它們有一個共通點：**根據「實際經驗」，而不是「憑空想像」**。只要向部屬傳達使命感，即使是單純的工作，也會因為具有「工作價值」，讓團隊邁出重要的一大步。對於領導者而言，這是不可或缺的過程，請務必試著做看看。

當責主管這樣做

成為領導者之後，務必要思考「無法置之不理的使命」！

·08 再枯燥的例行事務，都可以從中發現樂趣

如果部屬覺得工作單調，不可能投入全力。

然而事實上，大部分的工作都很枯燥。

身為主管，必須教導部屬如何讓工作變有趣。

重點不是「工作有趣」，而是要「變得有趣」

如果硬是要把「工作本身有趣」當成重要前提，會遭遇到殘酷的現實。因此，我們應該「讓工作變有趣」。主管的責任，**不是鼓吹工作本身多有趣，而是教導部屬如何把工作變有趣。**

電話行銷的工作就是一個好例子。從事這份工作的人，一天內必須連續撥打數十通以上的電話。會計部門的傳票處理作業也是如此，必須日復一日不斷確認單據或發票。電腦工程師也一樣，必須過著每天被程式糾纏的日子。

諸如此類的工作，不論哪一種都很有可能隨時被ＡＩ人工智慧取代。如此一來，人們未來可以從事的職業將有所改變。

不受環境影響的，是「把工作變有趣」的能力。即使時代再怎麼劇烈變化，這永遠是每個人必須擁有的能力。

那麼，主管要如何教導員工，把工作變得有趣呢？首先，**傳授你自己的「工作風格」，也就是絕不退讓的堅持。**如果領導者的工作風格能夠深入部屬的內心，他們的想法就會改變。

〔你自己的「工作風格」〕

面對工作，對我來說最重要的是［　　　　］。

有點摸不著頭緒嗎？以下列舉ＮＨＫ節目《專業高手》中介紹的幾位達人，這些專家都有獨特的「工作風格」，例如：

- 否定一切「理所當然」（ＩＴ技術人員／及川卓也先生）
- 留下壓倒性的最終結果（職業棒球選手／鈴木一朗先生）
- 牢記「100-1=0」的道理（法國料理主廚／田中健一郎先生）

抱持「把這裡當成家」的心情，一舉改變職場氣氛

英國SKYTRAX公司所公布的「全球機場乾淨度評鑑」，日本東京羽田機場連續多年被評為第一名，而幕後最大功臣是現場清潔人員新津春子小姐。

洗手間的地板經常殘留汙垢，要徹底去除並不容易。但是，新津小姐從不放棄。她將清潔劑混合不同藥劑，並且製作專門清洗的工具，努力刷洗。就在幾番嘗試之後，新津小姐的方法奏效了，地板煥然一新，變回乾淨潔白的模樣。

不僅如此，見到每個迎面走來的人，新津小姐總是充滿朝氣地道早問好，親切地

和大家打招呼。

為什麼她這麼努力呢？在這種種舉動之中，蘊含著新津小姐獨特的「工作風格」。

「我把這裡當成是我的家。」（因此，我想要用好心情迎接每位客人。）

之所以會有這番領悟，似乎是因為曾經有主管對她說過：「雖然你有很棒的打掃能力，但是你沒有心。」

從此之後，她徹底轉變，包含內心想法、工具使用、行為舉止等。現在的新津小姐，成為了一位優秀的主管，**以獨特的「工作風格」帶領眾多部屬**。職場氣氛漸漸改變，羽田機場也成為「世界最乾淨的機場」。

確認業績數字或工作流程，固然非常重要。不過，真正必須傳達給部屬的是「把工作變得有趣」的方法。

當責主管這樣做

建立工作風格，即使是「單調的工作」也能「充滿娛樂性」。

09 與其當個好人，不如做個「帥氣的人」

「只把工作做好」的主管，無法受人尊敬。
隨時充滿好奇、追求新知，是領導者的必備條件。
充實自己的生活，當個帥氣的主管！

身教大於言教，保持旺盛的學習欲

以東京第一位民間人校長（譯註：指未長年任職教育相關單位，而以企業社會人的經歷，選任為高中小學校長）而聞名的藤原和博先生說過：**「上班族唯一且絕對的風險來自主管。如果主管很糟糕的話，那麼你的上班族人生一半以上就毀了。」**（編

註：出自文化放送廣播節目《The News Masters TOKYO Podcast》）

我相當認同。如果在「完成工作就好」的主管手下做事，部屬永遠不會成長。所謂「完成工作就好」，指的是僅憑藉過去的經驗和成就，完全不想提升（或更新）能力或感性。這樣的主管用一句話來描述，就是好奇心薄弱的人。

「雖然是個好人，但是不太能從他身上學到東西，或許換個工作比較好……」那些學歷較好或是具有上進心的優秀員工，便會產生這樣的想法，相繼辭職。

看到經常保持好奇心並且學習欲旺盛的主管，部屬會受到激勵。不過，我們並不容易察覺自己是否變成了「完成工作就好」的人，因為這不是其他人會要求你改善或顯而易見的缺點。自我檢測一下。如果勾選項目少於兩個，就要特別小心了。

- □閱讀財經類報章雜誌，有時會和部屬討論裡面的主題。
- □閱讀業界相關報導，收集工作所需的業界知識，將最新的案例告訴部屬。
- □每個月閱讀一至二本商業書，有時會告訴部屬書中內容。
- □如果公司其他部門有順利成交的案例，會去瞭解情況並轉知部屬相關訊息。
- □主動瞭解其他公司的成功事蹟，並且盡可能讓部屬瞭解詳情。

以上這些項目，是團隊領導者所應具備的最低限度的學習欲。如果一個項目都沒有勾選，請特別留意，你的部屬很有可能**認為無法從你身上學到東西**。

愉快的日常生活，會成為工作的利器

現今，工作與家庭的雙向增益（譯註：工作與家庭的雙向增益／職家增益：可分為工作對家庭增益〔work-family enrichment, WFE〕與家庭對工作增益〔family-work enrichment, FEW〕）這個概念日漸受到重視。

工作生活平衡（work-life balance）意指「在公與私之間保持適當的平衡」，而工作與家庭的雙向增益則是指**「把充實的私人生活帶到工作，把充實的工作帶到私人生活」，互相帶來良好的影響**。

雖然以往有許多主管不太喜歡在工作場合聊私人生活，但在現代社會中，這或許不是聰明的選擇。以「人與組織」為主要研究對象的瑞可利管理顧問公司表示：「管理者若擁有愉快的日常生活與充實的休閒活動，可為公司與社會帶來良好的影響，也能獲得團隊成員的信賴。」

「主管充實度」這個流行語，便是用來形容主管過得很充實的狀態。二〇一七年瑞可利公司以二十歲到三十歲的員工為對象，進行「主管充實度調查」，出現了很有趣的結果：約有四成的人認為，**擁有充實休閒活動的主管，看起來魅力十足**。另外，有高達六成的人表示，希望主管能和工作夥伴分享休閒活動所學。

與家人間的相處、自己的興趣、志工服務、學習等，雖然主管沒必要樣樣精通，但是，稍微揭露一小部分私生活也具有領導效果。舉例來說，有一位跟我交情很好的主管，率領數百名部屬，每天都很忙。即便如此，他每年仍會安排時間出國幾次。據他表示，多接觸不同的價值觀，有助於培養內心的感性。

你一定也有自己的興趣，對吧？不用想太多，**揭露一小部分私生活，分享自己的興趣**，光是如此就能讓部屬感受到你的「主管充實度」。相反地，千萬不要告訴部屬，你「忙到沒時間看書」、「家裡沒有我的地盤」、「放假就在家打混」。

當責主管這樣做

讓自己成為一個充滿好奇心、生活過得精采充實的主管！

10 著眼於「未來規畫」，提升部屬的工作動力

現今社會，即使收入不高，也不至於過得窮困潦倒。
不少年輕人認為，工作只要有盡到本分就好。
身為主管，要如何點燃他們內心的火苗呢？

黯淡的未來，毫無希望的職場？

你知道「希望學」嗎？這是東京大學社會科學研究所，針對「擁有希望的條件」為研究主題的一門學問。根據玄田有史先生發表的研究〈希望學十年回顧〉（編註：摘自《學際》，二〇一六年一月），**「二十歲到三十歲的年輕人，對自己未來生活及**

工作抱持希望的比例持續下降」，此外，「對現有生活感到滿足的比例很高。這意味著，沒有證據顯示年輕人之間瀰漫著不幸感」。

實際上，參加過我的培訓課程的學員中，只有二至三成的人回答「有希望」。這個比例感覺起來確實有點低，不過，比例也會因公司而有所不同。某間銀行的員工，二十人之中沒有一個回答「有希望」，要說這是個毫無希望的職場也不為過。某ＩＴ企業則有八成員工回答「有希望」，看來是個充滿希望的職場。

那麼，差異究竟從何而來？我對此做了訪問，發現**關鍵是「主管是否關心部屬的未來」**。具體來說，主管是否提供了面對面談話的機會，和部屬討論「將來的夢想」、「想做的事、想達成的目標」。

主管把焦點放在「未來期望」，即使是單調的例行事務，部屬也會將自己的未來投射在其中，保持高度的工作動力。

以處理客訴為例，這絕對不是令人開心的工作。不過，實際訪問從事客服的人，他們回答：「總有一天，我會當上主管，這些辛苦只是必經的過程。」「我將來要自己創業，如果現在連這點事也做不好，更別談什麼經營了。」

希望學有一個論點：**擁有希望與否，取決於生活經驗的刺激**。「與主管討論未來」就是很好的刺激。

用提問引導部屬，察覺內心深處「想嘗試的事」

在我的客戶中，連結動機公司（Link and Motivation Inc.）是一間獲利良好、急速成長的企業，在準備求職的學生之間相當受歡迎。

這家公司的工作動機偏差值（譯註：相對平均值的偏差數值）高達八十。**公司每週固定進行一次面談**，不只是討論工作上的事，更重視的是「面對面談話」。

和許多員工聊過之後，我大感驚訝。原本以為網路工程師的目標會是提升專業技術，然而其中有六至七成的人表示：「將來想成為部門負責人。」追問之下我才明白，原來是因為透過面談，他們發現了更多想嘗試的事。

面談以「想嘗試的事」為主題，如果部屬沒什麼想法，面談者會以提問來引導。即使聽到部屬說「硬要回答的話，應該是增加收入吧……」，面談者也不會咄咄逼人，而是**持續溫柔傾聽**，**讓部屬自己察覺內心深處的想法**，「收入是其次，其實我很想開發出讓這個世界更便利的產品。」

許多主管經常感嘆「我的部屬內心缺乏希望」，事實並非如此，他們只是缺少了「面對面談論未來」的機會。

當然，「希望」不是掛在嘴上說說就好，持續去做才是重點，而這個過程則是部屬思考未來的一個契機。

心懷希望時，部屬的眼神會改變。也許過了十年之後，他會這麼想：「多虧遇到了那位主管，才有現在的我。」

當責主管這樣做

並非「沒有」希望，而是尚未「察覺」。多多和部屬面對面談論未來！

11 傳授「正確目的與方法」，消除部屬的疑慮

「這樣做好嗎？真的沒有問題嗎？」

如果內心有疑慮，就無法踏實地面對工作。

請務必傳達「正確的目的」，堅持「正確的做法」。

傳達「正確的目的」，站在使用者的觀點思考

「這份工作，真的對社會有益嗎？」當部屬**內心產生這類疑慮時，就很難認真面對工作**，甚至會對提升業績感到抗拒。身為主管，你必須及早察覺、協助釋疑。

舉例來說，假設你是廣告代理商的業務課長，負責透過電視、報紙、網路宣傳小

額信用貸款。某天，部屬對你說：「為了讓更多人去貸款，我覺得好像讓更多人變得不幸……」你會怎麼回答呢？

如果硬要說服他，可能只會讓他覺得「真的假的……我跟這個人的理念好像不合。」

首先，你必須讓他瞭解：**要站在使用者的觀點思考，而不是自己的觀點**。若是沒有小額信用貸款，哪些人會感到困擾？他們住在什麼樣的環境？三餐怎麼解決？每天怎麼過生活？透過小額信用貸款，他們能獲得什麼樣的幫助？你必須親口將這些實例告訴他。

不是只有小額信用貸款才需要「站在使用者的觀點思考」，包括遊戲開發業者、酒商、菸商、服飾業、餐廳、銀行業、證券公司等，各行各業細看之下都有某些「令年輕人卻步」的特質。正因如此，主管更需要**確實傳達「從使用者真實視角去看待這些產品」的重要性**。

主管堅持「正確的做法」，部屬才會全心投入

還有一點很重要：**確保手段的正當性**。如果公司採取違反道德的做法，讓員工覺得「這個商品的確不錯，但是推銷手法怪怪的」，他們也很難全心投入工作。

假設你是大型電信業網路服務行銷部門的業務課長，負責推銷一項很優質的服務，但是公司的行銷應對手冊裡卻寫道：「取得公寓大樓管理公司的許可，隨時為各位住戶提供服務。」實際上，公司並沒有取得許可。這時你該怎麼做呢？

答案很簡單，唯一的正解是**提出改善，修改成「正當的行銷說詞」**。不這麼做的話，員工就無法認真面對工作，身邊親友說不定也會建議他「離開這間公司比較好」。

除了扭曲的行銷話術之外，為了業績目標而自掏腰包大量購買自家產品、強迫推銷商品給客戶等等，都是典型的不正當手段。如果你的公司也有類似情況，請**從你自己的部門開始**，試著改善看看。

很久以前，在我任職的單位裡，某些資深前輩會傳授「拜託業績」的慣用業務技巧，例如用苦惱的語氣拜託客戶「老實說，金額就差一點點了，請務必幫忙⋯⋯」，

藉此取得業績。我認為一旦太過依賴這種手段，長久下來會非常危險，因此選擇不再使用這個方式。

後來，我借用前人的智慧，**與自己帶領的團隊一起思考新的「正確做法」**，部屬們對於這個共同發想出來的做法都感到認同。

如果你選擇逃避，不可能建立強大的組織。主管唯有**堅定正確的信念，部屬才會全心投入**。

當責主管這樣做

親口向部屬傳達「正確的目的」，堅持「正確的做法」吧！

第 4 章

打造成長型團隊，引導部屬「主動去做」的決心

01 最重要的公式：幹勁＝欲望×能力

先設定好「想要達成」的目標，
並抱持著「我或許能成功」的想法，
才會讓人想要嘗試去做。

比收入更重要！「成長」是最好的獎勵

研究「動機」的權威，京都大學名譽教授田尾雅夫先生指出：想要瞭解引起動機的因素時，必須根據「誘因」（incentive）與「動因」（drive，又稱驅力）來思考。所謂**「誘因」，是指薪水和晉升這一類「身外之物的欲求」**；所謂**「動機」，則是指自**

己渴望的「自身的心理需求」。

以前只要加薪或升職就很足夠了，現在可行不通。在價值觀（動因）多元化的今日，主管必須為每個部屬量身打造適合他們的「誘因」才行。不過，單純地考慮的話，實際上誘因可以濃縮成一個要素。優秀的年輕人希望進入讓他們開心的公司，薪水不高也無妨。不一定是知名企業，新創公司或在地產業也是選項之一。當然，工作環境、公司文化、工作內容等，有各式各樣的要素，縮小到一個範圍的話，就是**「能讓我成長」，這也是每間公司共通的誘因（獎勵）**。實際上，哈佛商學院的竹內弘高教授，也曾經在世界經營者會議（Nikkei Global Management Forum）的專題討論中提到：「優秀的年輕人認為，如果他們的能力『能夠成長』到超越目前的薪水，就是很好的獎勵。『成長的機會』也可說是國際通用的獎勵。」

為了提升動機，通常會把焦點放在「讚美方式」及「說話方式」。然而，在此之前有一個大前提：**主管要創造「部屬的成長機會」**。

瞭解「Will-Can-Must」，為部屬建立工作動機

你知道誘發動機的「Will-Can-Must」法則嗎?它指的是Will、Can、Must這三個要素交疊在一起時，就能最大化地激發出動機。

Will：當事人的「欲求」（動因）。渴望變成什麼樣、想要怎麼樣做等等。

Can：當事人的「能力」。確實相信自己做得到、期待發揮優勢。

Must：當事人從事的「工作」（事業）。

以上門推銷的業務員來舉例，這是非常需要毅力的工作。

目標是「一個月內要有五件陌生開發」，這就是Must。再來，Will是「未來想要自己創業」。然後，也要有「努力就做得到」的體悟，這就是Can。把這幾個要素重疊起來，就會是：「一個月

提升動機的「Will-Can-Must」法則

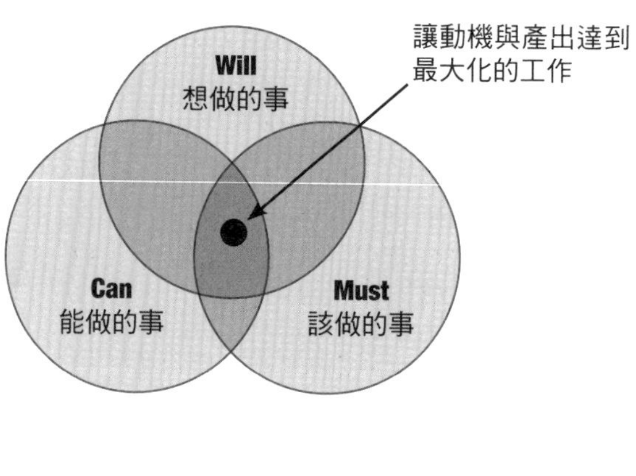

內要有五件陌生開發的這份工作，有助於實現我創業的夢想，只要努力的話，就可以達成每個月五件的目標。」

像這樣**建立動機，幹勁就會自然而然產生**。

實際上，公司員工擁有高度動機的經營者，都有相同的看法。

> 激發員工幹勁的最佳工具，就是「Will、Can、Must 工作表」。（中略）在每半年一次的職涯面談中，確認這三件事：想要做什麼、能做到什麼、必須做什麼。
>
> ——峰岸真澄／瑞可利控股公司執行長

> 公司內部收集並討論了許多關於動機的資料。其中我最認同的一項觀點是，把「想做的事」、「能做的事」、「應該做的事」這三項條件加在一起，最能提升動機。以英語來表示的話就是 Will、Can、Must。
>
> ——青野慶久／軟體開發公司 Cybozu 公司董事長

最後，讓我們瞭解一下這個理論的由來。雖然眾說紛紜，但多數人認為它來自心理學家艾德・夏恩（Edgar H.Schein）所提倡的「探尋自己適合的職涯發展時，在內心反思這些問題，非常重要」，其中便包含了這三個問題的源頭。

什麼是自己最擅長的事（＝Can）

自己想要做些什麼事（＝Will）

做什麼事時會感受到自己的存在意義與價值（＝Must）

換句話說，這個理論確實在學術界普遍獲得支持。

那麼，接下來將說明具體的運用方法。

當責主管這樣做

要提高部屬的工作動機，必須先瞭解「Will-Can-Must」這個公式。

02 將 Will 分成三個層次，引導部屬思考「想做的事」

「有沒有特別想做的事？」
「最重視的價值觀是什麼？」
創造契機，讓部屬察覺自己的內心。

沒有特別想做的事？只是因為還沒有想過

要運用「Will-Can-Must」，首先得瞭解部屬的 Will。問題在於，如果部屬說「沒有特別想做的事」，你該怎麼做？

根據我的經驗，只有一成左右的人會回答「有」。然而，其他九成並非沒有Will，而是他們尚未理出頭緒。有時是因為部屬誤解了，將 Will 想成是「在問我有沒有野心嗎……」。

遇到這種情況，我們可以將 Will 分成三個層次，再逐一詢問部屬的想法。

第一個是**「最近的 Will」**。詢問部屬對於目前的工作有沒有想要達到的目標，比如想早點升成主任、想負責培訓新人、想獲得公司表揚等，或是想早點回家也可以。

第二個是**「未來的 Will」**。詢問部屬未來想做的事，確認未來的藍圖。比如總有一天要自己創業、想維持職場與家庭的平衡等，請部屬分享未來的目標。

話雖如此，被問到這兩個 Will 的時候，還是有很多人不知道該怎麼回答。此時就要運用第三個 Will，也就是**確認部屬「對工作最重視的價值觀」**。

你可以這樣問：「能不能分享一下，你對於工作最重視的價值觀有哪些呢？」請對方先大概列出五個，再從中選出一個，接著仔細詢問背後的原因。

舉個實際的例子，有人提出「想要有效率地運用時間」，深入詢問背後原因後，他回答：「我還小的時候，父母親沒什麼時間陪我，所以我現在想要更重視家人。」像這樣引導，就能發現他內心裡溫暖的 Will。

我們再來複習一次詢問 Will 的流程：先詢問「最近」與「未來」的 Will，如果回

將Will分成三個層次
讓部屬容易回答

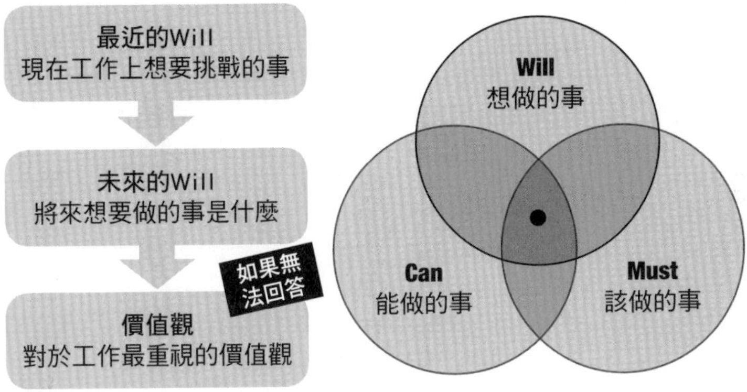

答不出來，請試著詢問他的「價值觀」。

這麼一來，相信一定可以找出部屬的Will。

反覆詢問「為什麼」，深入瞭解背後原因

詢問了Will之後，務必深入追問背後緣由，瞭解對方為什麼會這樣想、是否發生過什麼故事，**問得越深入，越能正確掌握對方的Will**。

舉例來說，被問到有什麼價值觀時，不少人會回答「收入很重要」。但是，每個人的成長背景不同，自然會有不一樣的原因。此時，可以反覆詢問「為什麼」，

如果對方說：「因為我想要嘗試各種不同經驗。」

↓（為什麼）↓「我希望可以自由選擇，要住每晚十萬日圓或每晚一萬日圓的飯店。」

↓（為什麼）↓「因為我老家在山上，很多人終其一生不曾來過都市，他們的世界很小。我想讓他們知道，人生還有更多選擇。」

乍看之下，「收入」這個 Will 或許有點乏味，但在深入探詢背景後，便會發現其中隱藏著各種「貼心的想法」或「有點不甘心的心情」。

接下來，再請部屬思考**現在的工作（Must）有多接近這個 Will**。即使目前只接近一〇％或三〇％，也足以成為開創未來的養分。

當責主管這樣做

對於沒有 Will 的部屬，就用第三個「價值觀」引導他說出內心的想法。

03 挖掘部屬的「強項」，在工作中看見自己的成長

給予部屬挑戰的機會，為什麼會變成工作的壓力？
針對不足之處去補強，將能有效消除不安。
「讓部屬發揮所長」是主管必須思考的重點。

決定部屬的「能力發展目標」，加強所需技能

前文提過，「能夠成長」到超越目前的薪水，對年輕人而言是最大的獎勵。

運用「Will-Can-Must」，確認每個人適合的「能力發展目標」，決定要加強擴大什麼樣的 Can。這樣一來，無論是什麼樣的工作，都能保持不斷成長的狀態。

以業務性質的工作為例，訂下「三個月後要負責規模更大的客戶」這個目標，接著再和部屬討論「要提升什麼樣的能力」。比如說，整合不同部門，需要「調度整合能力」；提供客製化服務，需要「企畫提案能力」等。

如此一來，部屬就能針對「能力發展目標」，在三個月內好好加強「調度整合能力」與「企畫提案能力」。

此時，**「讓Must有所變化」也是一個重要的關鍵**。因為人比自己想像的更容易厭倦。越是渴望成長的人，在面對毫無變化的工作內容時，越會因為千篇一律而心生厭倦。

拓展目前擁有的強項，挖掘尚未發揮的長才

另外，還有一個**「運用強項」的觀點來思考**的方法。這是對於當事人來說，接受度更高、滿足感更強的方法。

首先，必須瞭解「強項」的定義。在各種定義中，我最認同的是英國應用正向心理學中心（Center for Applied Positive Psychology, CAPP）所提出的說法。這個研究機構

不論什麼工作
都能讓部屬體會「成長的感覺」

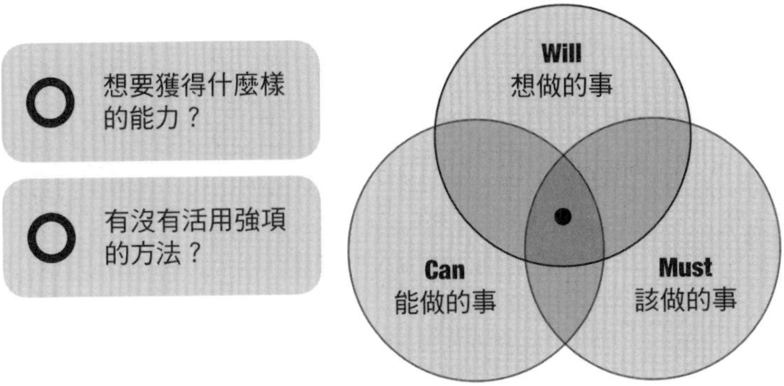

是由艾力克斯・林雷教授（Alex Linley）所創設，他有效運用員工的「強項」來提升企業競爭力，在管理諮詢顧問領域相當活躍。

【何謂強項】（根據CAPP的定義）

對於比別人更擅長的事，做起來感到愉快。

換句話說，**不只是做起來得心應手，同時也要感覺到快樂**。讓部屬瞭解這個定義之後，確認他是否具備兩個強項：一個是「正在運用的強項」，另一個則是「尚未運用的強項」。

所謂**「正在運用的強項」，如文字所述，就是部屬現在發揮於工作上的強項。**可以直接問部屬，也可以由主管來說。如果部屬有此強項，主管應該使其拓展，創造分享、傳授的機會。

另一方面，所謂**「尚未運用的強項」，是指運用於私人生活或是以前擁有的強項。**如果部屬有此強項，就思考該如何將它帶到現在的工作上。舉例來說，如果部屬在學生時期曾經當過社團的社長，或許可以考慮把教導新進員工的任務交辦給他，讓他發揮領導長才。

如此一來，部屬便能活用自身強項，並且從中體會成長的感覺。

在成長如同獎勵的今日，請為部屬創造更多能夠實際感受自身成長的機會。

當責主管這樣做

創造能夠實際感受成長的機會，讓部屬盡情發揮自身強項。

04

設定團隊目標時，以「七成員工能夠做到」為原則

設定的目的地不同，就會前往不一樣的地方。
難以達成的目標，會讓部屬感到沮喪；
目標過於簡單，則會讓團隊輕忽懈怠。

「大家都能做到」的目標，對團隊有害無益

職場上，每個人都在追求「個人目標」。主管在會議上期許「朝著全員達標的目標努力」，雖然沒什麼問題；但是，如果真的設定了一個全員都能達成的目標，就大有問題了，因為你有可能把「目標設定得太低（太簡單）」。設定「踮起腳才能碰

到」的目標，透過「適度延伸」，可以加速員工與公司的成長。

大約七成部屬能夠達成目標，是最好的狀態。這個比例非常重要。如果不把未達成目標的人當作少數，職場就會瀰漫「即使未達成也沒關係」的氛圍。此外，稱讚達成目標的部屬，會加速其他人認真達標。舉例來說，可以公開表揚達成目標的員工，尚未達成的員工看到這番景象後，會將不甘心化為動力，在工作上更努力。

根據「SMART原則」，設定明確可行的目標

此外，設定一個**不確定能否達成的曖昧目標，也無法讓人成長。**

舉個例子，想像一位沒有目標的資深行政職員。雖然精熟自身工作，但多年來幾乎沒有成長。因此，如果主管想要改變某些工作方式，對他來說就像是被奪刀的武士一樣。覺得被強迫時，任誰都會想反抗，對吧？而且這對當事人而言也不好。

要避免這個情況，只有一個方法：設定明確的目標。

衡量基準可依循「SMART原則」。根據喬治・杜朗（George T. Doran）於一九八一年所提倡的理論，「有效的目標」由以下五個因素組成。

正確的目標設定
讓部屬「加速成長」

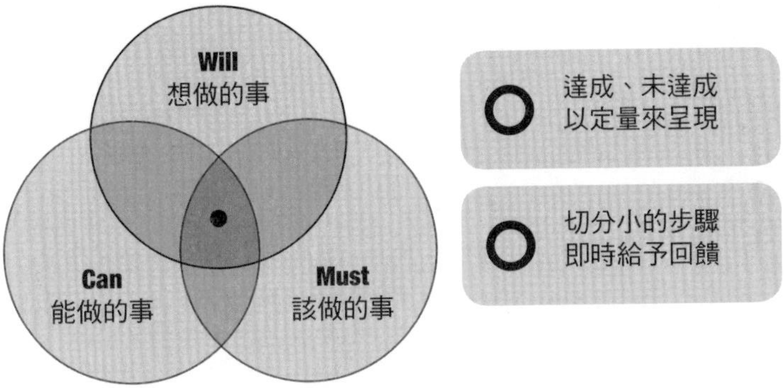

S　Specific（明確性）：有無達成是否明確？

M　Measurable（可衡量性）：能否測定達成率或進度？

A　Assignable（可指定性）：職務或權限分配是否明確？

R　Realistic（現實性）：設定的目標是否可實現？

T　Time-related（時限性）：有無設定目標達成的期限？

其中，特別重要的是**「明確性」與「可衡量性」**。剛才提到的行政職，也必須用數據來設定目標，要求員工達到平均工作量，提早交件。如此一來，就像武士必須丟棄大刀另尋可用的武器，員工必須捨棄慣用方式並思考新做法。

然後，請試著加上這個方法：**以數週為單位，設定小目標，提升達成的準確度。**這樣就有了定期回顧並確認進度的機會，我把它稱為「小步驟」。定期檢驗「能夠順利完成的事」及「無法完成的事」，並且每一次都思考改善的策略。

當責主管這樣做

為了促使部屬成長，請設定「正確的目標」，而非「簡單的目標」。

05

失敗也是一種學習，讓部屬「自己做決定」

有人覺得是「被逼著完成工作」，
也有人覺得「想要做所以完成了」，
兩者的差異，取決於「個人意願」。

激發自主性的關鍵在於自我決定感

當部屬向你提出問題時，是不是會想立刻回答他呢？不過，先把答案說出來並非上策，因為激發自主性、讓部屬感覺「這是我自己思考後決定的」極為重要。

這種感覺稱為「自我決定感」。美國羅徹斯特大學的愛德華．迪西（Edward L.

Deci）教授是研究「內在動機」的權威，他在二十世紀八〇年代提出了自我決定理論。

產生自我決定感必須歷經不同的階段，其中，擁有「內在」、「整合」、「一致性」這種「自己做決定」的感覺，對於激發主體性而言相當重要。也就是說，經過心理學實證，**比起事事指示，讓部屬自行思考，更能發揮他們的主體性。**

是否擁有自我決定感，會在「失敗的時候」產生不同的結果。當事情進展不順利時，有自我決定感的人會朝著「為什麼不順利、怎麼做會更好」等方向去思考並改善，沒有自我決定感的人只會留下「好困難」、「好無趣」等負面情緒。

運用自我決定感解決抗壓性不足的問題

針對內心不夠堅強的部屬，自我決定感也很有用。

電視上曾經播放前日本桌球代表平野早矢香指導一位少年的情形。這位少年練習時明明很不錯，卻總是在預賽階段就落敗，無法更進一步。他小聲地說：「一比賽就很緊張，我的抗壓性好差……」

讓部屬自行「思考」覺得「是自己決定的」

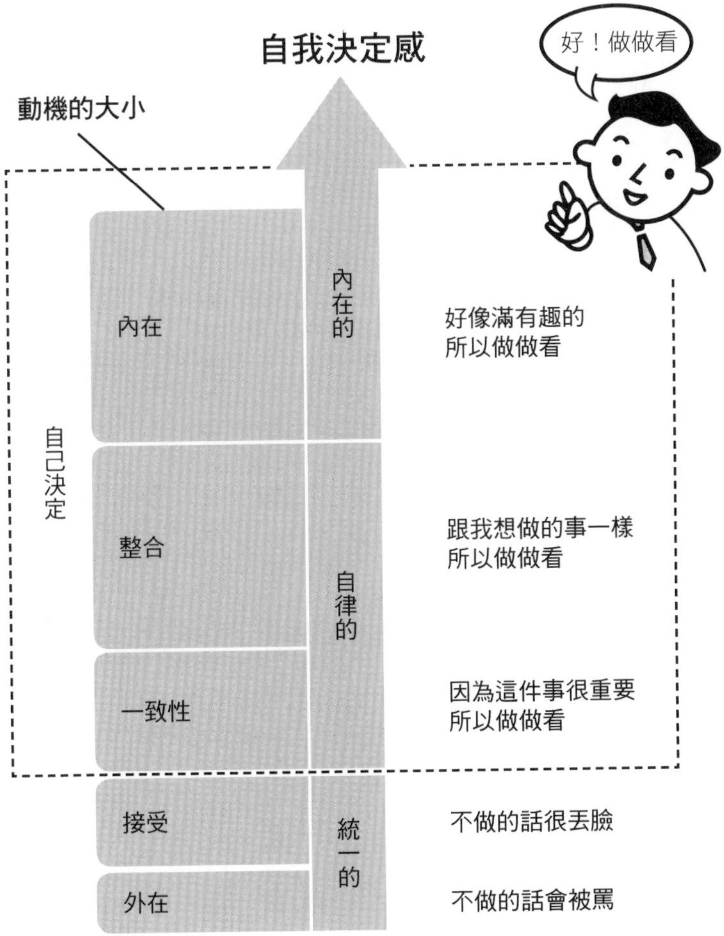

平野沒有對他說過一句負面言論，而是在練習中不斷鼓勵：「很好！」「不錯！」「有進步喔！」他漸漸露出自信的笑容。

接著，終於要比賽了。上場之前，平野對他說：「你練習得很充分，**不論結果如何都沒關係**。答應我一件事，把目前為止所做過的都發揮出來。」

沒有要這樣做、要那樣做的具體建議，只有一個約定。少年靜靜地點頭，開始思考：「的確如此，沒錯。那時候……這時候……原來如此，只要這樣做就可以了……」

結果，他在一番奮戰後輸掉比賽。接受採訪時，他說：「我很不甘心，下次預賽時我會好好運用這次的經驗！」

失敗是讓人變強的好機會。像這樣自己去思考，不僅有助於自省，也能找出其中的意義。

當責主管這樣做

與其小心翼翼地不讓他跌倒，不如讓他學會「從跌倒中站起來」。

06 依循「教導」的三個步驟，消除新進員工的不安

不要急著問新進員工：「你想怎麼做？」

仔細教導部屬，是主管的基本工作。

避免微觀管理，培養部屬的自主思考力。

依循三個步驟，仔細教導新進員工

雖然強調「要重視主體性」，但是對於什麼都不懂的新進員工，「你想怎麼做」這個問題有點殘酷，因為這並非他們可以思考的情況。

「新進員工還處於需要教導的階段」，主管們必須要有這層認知。仔細教導部

屬，是主管的基本工作，應該告訴他們應對各種情況的思考方式、增加對工作的知識。**教導有三個步驟。**

①用「5W1H」仔細教導（不要認為「講到這裡應該就懂了」）
②確認是否有不明白的點、擔心的點（不要講完就走人）
③請對方「覆誦」一次（確認對方沒有誤解）

舉例來說，假設公司來了一位剛開始從事業務的新進員工。

「照著這份名單，每天至少打五十通電話，有不懂的地方儘管提出來喔！」這種教法，只會徒增員工的不安感，再說了，打了電話要講些什麼比較好，新進員工一定也不知道吧。

此時，我們可以換個方式。**第一步，用「5W1H」仔細教導。**

「**為什麼**至少要打五十通電話呢？」（為了確實達成目標）

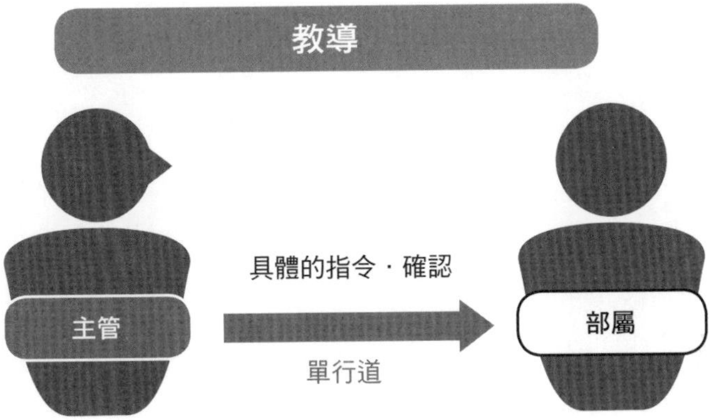

「具體來說，要**講些什麼**呢？」（依循事先準備好的講稿進行）

「打電話的對象是**誰**？」（打給負責採購的人，不是客服人員）

「電話要打去**哪裡**？」（如果沒有公司電話，個人的手機也無妨）

「**什麼時候**打電話？」（一天可能要花兩小時，先安排好工作時程）

「如果客戶這麼說的時候，該**怎麼做？**」（教導應對的方式）

乍看之下或許會覺得理所當然，但是對新進員工而言，這是完全陌生的工作內容。尤其要加強說明「為什麼」，讓他們能夠發自內心認同，這一點相當重要。

第二步，確認是否有不明白的點、擔心的點。

如果沒有的話，就來到**第三步，請對方「覆誦」一次。**

知名的棒球教練落合博滿先生說過：「覆誦很重要。因為對方很有可能看起來有在聽，但其實沒有聽進去。」

依循這三個步驟，確保彼此的思考模式是一致的。

不要變成微觀管理，鼓勵自行思考

但是，請注意不要做得太過頭，避免部屬喘不過氣。過於鉅細靡遺的管理方式，會變成事事干涉的微觀管理。因此，請務必牢記以下幾個重點。

第一個是**「告訴部屬，『只有現在』會仔細教導」**。可以明確畫分「一開始的兩個月」，讓部屬產生適度的緊張感。

第二個是**「鼓勵督促員工盡早開始自行思考」**。即使覺得不容易，但仍然要盡早切換到指導模式（稍後說明）。

如果發現「部屬還不夠成熟」，就回到教導模式。每位人的特質不同，不要拿他人做比較，最重要的是找出符合當事人的模式。

Google 資深人資長拉茲洛・博克（Laszlo Bock）在《Google 超級用人學》這本書中，提到了關於微觀管理的論點：「執行**微觀管理是出於『對部屬不信任』**，儘管部屬表示自己『做得到』，主管仍然不相信部屬能夠確實完成任務。」

為了避免發生這個情形，我列了一張檢查表。如果你符合四個以上，就要多加注意了。

【微觀管理度檢查表】

□想要詳細掌握部屬的工作進度，甚至在哪裡、做些什麼等。
□為了不讓部屬犯錯，事先排除所有可能的風險。
□其實並不信任部屬，無法交辦工作給部屬。
□想要任何事情都照著自己的想法去進行。
□不滿意部屬的工作成果。
□糾結於「我自己的話就會這麼做」並且感到焦慮煩躁。
□就算是小事，也絕不允許部屬忘記報告。

看了這份檢查表，你覺得如何呢？是不是充滿了不信任感？部屬也沒那麼遲鈍，如果主管心裡有這些想法，一定會引發部屬的反感。

教導與微觀管理不同。教導不會限制部屬的行動，而是經由確認、稱讚、使其發現問題，來提升部屬的自主行動力。

詳細的指令是**為了消除部屬的不安，不是為了消除主管的不安。**

當責主管這樣做

運用教導的「三個步驟」，消除新進員工的不安與擔憂吧！

07 以「指導」找出正解，提升主力員工的思考能力

「還有沒有其他想法？」是很重要的提問。
唯有仔細思考，才會發現意想不到的好點子。
請持續挖掘主力員工的更多可能性。

使用「GROW 模式」，給予思考的機會

教導階段結束之後，接下來要進入指導階段。

所謂指導，指的是**為了讓當事人找到最好的解答，以詢問的方式，促使對方發現問題。**

「GROW模式」是一套很好的指導方法，可以讓部屬「察覺問題，找出正解」。只要依照以下步驟進行，不論在任何情況下，都能激發部屬的自我覺察力。

實際進行時，就如同以下的對話框內容。舉例來說，假設你是一位汽車經銷商的業務人員。

就像這樣慢慢地引導，讓部屬在最後產生「想要這樣做看看」的念頭。

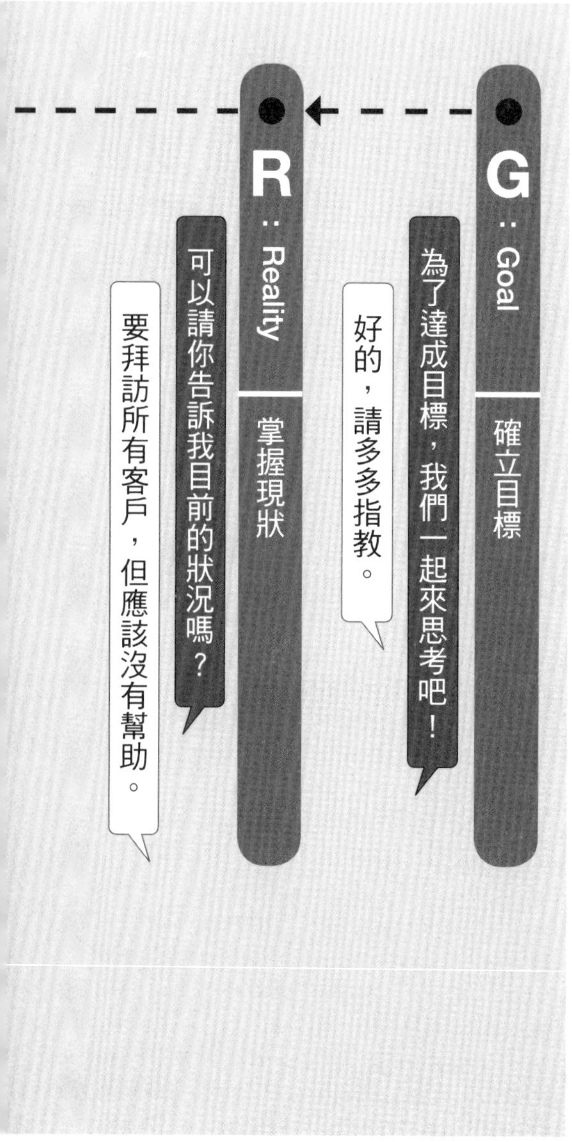
G : Goal
確立目標
為了達成目標，我們一起來思考吧！
好的，請多多指教。
R : Reality
掌握現狀
可以請你告訴我目前的狀況嗎？
要拜訪所有客戶，但應該沒有幫助。

R：Resource　思考如何解決問題

你需要什麼協助來解決問題呢？

我認為只有開發陌生客戶一途。

※藉由繼續追問「還有其他想法嗎？」、「為什麼？」，引導思考。

O：Options　提出數個對策（三至五個）

要不要試著提出幾個對策呢？

「經由他人介紹」、「開發企業客戶」，怎麼樣呢？

※藉由繼續追問「還有其他想法嗎？」，引導思考。

其他對策……對了，可以去汽車駕訓班問問看，我們有各式車款，比如 Hybrid 或 SUV，對駕訓班來說或許是優勢。

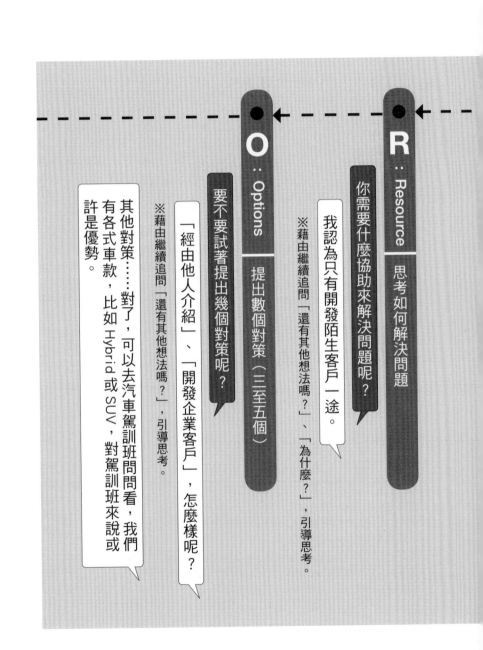

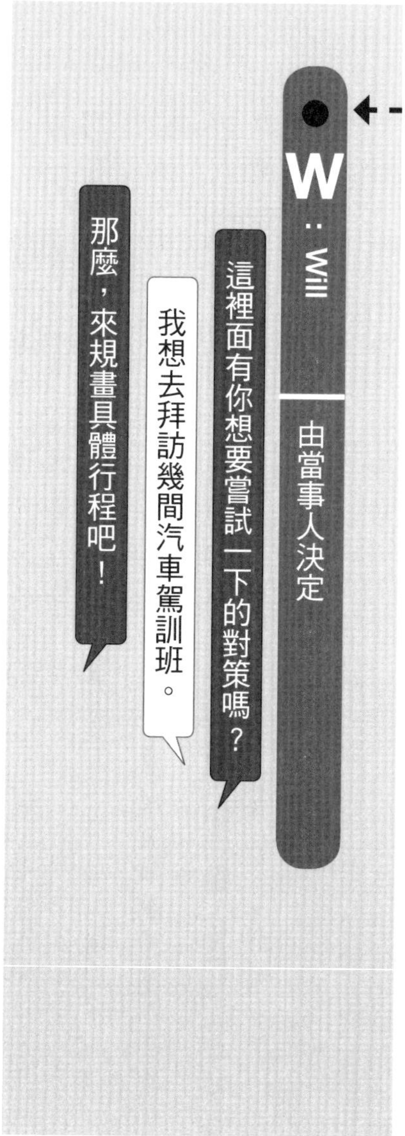
W：Will
由當事人決定
這裡面有你想要嘗試一下的對策嗎？
我想去拜訪幾間汽車駕訓班。
那麼，來規畫具體行程吧！

多點耐心，不要誘導部屬照你的想法做

主管指導部屬時，有幾個需要注意的重點。

不要用「比如說……你可以這樣……」來誘導，因為部屬很容易會被你牽著鼻子走，降低自我決定感。這個方式無法引導部屬往他的 Will 前進。

主管必須**多點耐心**，這一點非常重要，很多出乎意料之外的妙點子會在此時誕

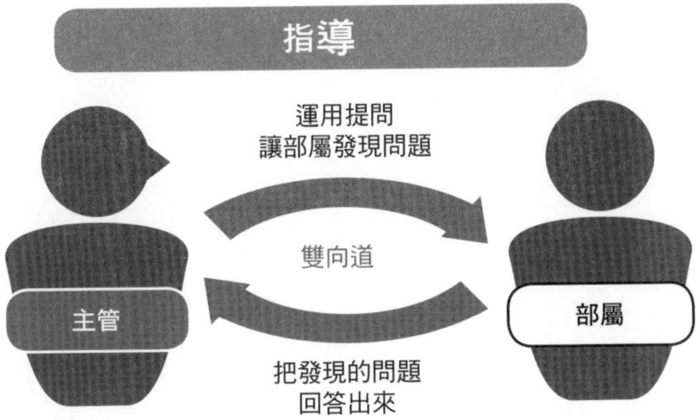

生。就拿汽車駕訓班的例子來說，那個提案大概連主管自己也沒想過吧。這正是指導的醍醐味。

或許你會擔心「這樣很花時間」，其實正好相反，只需要很短的時間就能獲得結論。平常若是要花十五分鐘左右，採用這個方法，可以減少無謂的對話，大概十分鐘就夠了。

請務必**使用「GROW 模式」，給予部屬思考的機會**。光是這麼做，就能夠大幅提升部屬的工作幹勁。

當責主管這樣做

給予思考的機會，是對部屬的「獎勵」。
把它當成禮物送給部屬吧！

08 用「委託」的技巧，激發資深部屬的最大產能

並非刻意偷懶，只是習慣省力。
激發員工的最大產能，是主管的責任之一。
資深部屬有極大能耐，只待優秀主管來挖掘。

以高標準提出明確要求，切忌討好部屬

最近有許多客戶來找我諮詢，想瞭解如何應對與管理年長資深員工。超過半數的主管都有年長部屬，這已經是現今的常態，但是仍有許多主管會有顧慮。

當然，跟年輕人相比，他們有足夠的技能，也有面子要顧及。令人傷腦筋的是，

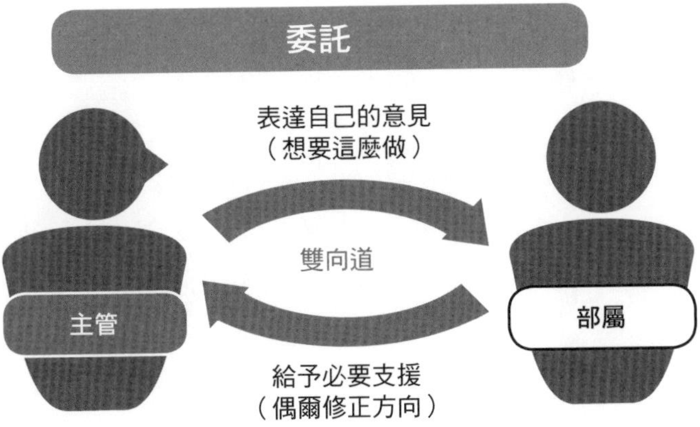

資深部屬甚至熟悉「偷懶的技巧」，知道自己只要做到什麼程度就好。因此，身為主管，最重要的任務就是**激發資深員工的「最大產能」**。

這個時候，主管需要做的不是教導也不是指導，而是運用「委託」的方法。

首先，在提出明確要求之後，再讓部屬主動提出「想要這麼做」的方案，具體而言，包含下列四個要點：

①以高標準提出明確要求（調整期望值）
②由部屬決定做法（但技術尚未純熟的部屬則另當別論，需使用指導的方式）
③提供定期報告的機會（不能交辦工作後就完全不管）
④必要的時候給予支援

為了要激發資深部屬的「最大產能」，第一個步驟的「以高標準提出明確要求」極為重要，具體來說包括：

追求更高標準：從提案等級升至諮詢顧問等級，從實際操作衍伸至研究開發。

交辦改善客戶服務的相關任務：掌握客戶需求，提出改良方案。

任命為提升團隊合作的負責人：將知識系統化、讀書會等，都是很推薦的做法。

我擔任管理職時，交辦給資深部屬的工作是「開發新型態的業務模式」和「瞭解客戶的不滿與不便，改善客戶服務」。據說，當時請部屬發想的服務，即使經過了十年，至今仍是公司基礎服務的重要環節。

主管務必要有一個認知：**激發員工技能，是主管的責任。**這也意味著，主管不能只是單純去討好資深部屬，沒這麼簡單。

提供定期報告的機會，讓部屬分享資訊

有些主管認為部屬表現不錯，所以不太關心部屬的工作進度，這相當危險，會讓部屬覺得「主管不關心我」。即使是資深的部屬，在交辦工作後，也必須**提供他們「定期報告的機會」，否則很容易淪為「放任不管」**。

實際上，有定期分享資訊的機會，讓主管可以瞭解自己到底做了哪些事，對資深部屬來說很受用。畢竟，在工作上遇到困難、進度停滯時，沒有比聽到主管說「我不清楚」更令人難受的了。

如果仍有顧慮，不妨**以「有沒有我能幫忙的事」的態度**，說明定期報告的目的。

主管要經常思考資深部屬能做哪些事。如果自己沒有相應的技能，詢問專業人士的意見、請教上一位負責人或是請高層主管提供協助，都是很有效的做法。

對資深部屬而言，光是能夠分享資訊，就是一件很開心的事。

主管若能保持這樣的態度，一定會獲得資深部屬的信賴。

當責主管這樣做

不能因為是資深員工而放任不管，請確實提供定期分享資訊的機會。

09 運用團體心理的力量，鼓舞「提不起勁」的部屬

「不想成長、不求晉升，只要不丟臉就好。」

對部屬「賦予期待」，會帶來意想不到的效果。

為提不起勁的人，提供拚盡全力的理由。

長期績效不彰？為部屬組一個加油團

「我一向這樣平凡過日子……」你的團隊裡是否也有這樣的部屬呢？人雖然無法輕易改變，但仍能藉由外在的刺激，慢慢產生變化。試著**幫這樣的部屬「組一個加油團」**，你覺得如何？

某公司的業務人員Ｆ先生，就是一個成功的例子。

Ｆ先生三十一歲，他的課長對於遲遲無法達成目標的Ｆ先生感到很頭痛。在幾位內勤人員的協助下，課長為Ｆ先生組了一個加油團，取名為「讓Ｆ先生達成目標加油團」。

接著，他製造了一些「Ｆ先生必須認真以對否則會讓其他人困擾」的狀況，同時也舉辦業務競賽，讓加油團發揮作用。

每天早上，加油團會為Ｆ先生打氣：「今天也請加油喔！」Ｆ先生公出回來時，立刻關心他：「有沒有什麼好消息呢？」聽到他在聊些有趣的話題時，主動加入：「也請告訴我吧！」加油團的每個成員都由衷希望Ｆ先生振奮起來，因此加油得格外積極賣力。

於是，Ｆ先生慢慢有了改變，開始變得更有幹勁。不久之後，竟然做到了睽違已久未曾達到的業務目標，讓大家既意外又替他開心。

錯誤使用時是毒，正確運用時是速效藥

這個加油團作戰計畫，其實是我給這位課長的提示，靈感則來自於一個月前所參加的奧運選手歡送會。

這位選手雖然通過預選，能力卻遠遠不到奪牌的程度。大約有兩百人來參加歡送會，所屬經紀公司的主管站到臺上，對她說：「請你務必帶著獎牌凱旋而歸！你是我們的希望！我們可以期待你一舉奪牌嗎？」

「當然！沒有問題。我會加油！」

接著，這位幹部轉向觀眾說：「現在麻煩大家起身，我們來為她加油打氣。」參與歡送會的眾人齊聲高喊：「加油！加油！」壯大的聲勢撼動整個會場，天花板彷彿都要被掀開了。

我內心暗忖：「如果沒有拿牌，這個選手會怎麼樣呢……」一邊感受團體心理的力量（與風險），一邊見證它的效果。隨後，心裡浮現出一個畫面：這位選手沒拿到獎牌，回國時哭著說「真的很對不起大家」。

然而，**即使是毒性強烈的藥物，只要正確使用，就能立即見效。**我把歡送會的情

形描述給課長聽，一起想出「加油團」這個對策。

此外，日本電視臺的節目《所喬治目瞪口呆！》播出過一個實驗，提到：「馬拉松這類需要持久能量的運動項目，加油歡呼非常有效果。另一方面，棒球或高爾夫這類需要集中力的運動項目，加油歡呼會形成反效果。」

大部分的工作，都可說是需要持久能量的類別吧。

任何職場都會有不夠努力的員工，對此，加油團作戰計畫是方法之一。即使是毒性強烈的藥物，只要正確使用，短時間內就能看出改變。如果想不出相關的具體活動，無法自然地執行加油團作戰，也可以**採取團隊合作的分組競賽制。**

人不是那麼容易改變的，不過，我們可以提供一個改變的機會。

當責主管這樣做

一個人被寄予厚望時，心態就會改變。請設法讓部屬「覺得受到期待」！

第 5 章

人人都是主角！以團隊作戰實現個人價值

01 堅強團隊的設計藍圖：BSC平衡計分卡

沒有藍圖，就無法建造堅固耐用的房子。
建立團隊也是相同的道理。
善用管理工具，打造一支堅強的團隊！

一加一大於二！最具影響力的管理工具

要打造一支無堅不摧的團隊並不容易，絕不可能只憑運氣，事先畫好「藍圖」極為重要。在此要大力推薦一個名為「平衡計分卡」（Balance Score Card）的有效架構，這是由哈佛商學院教授羅伯·柯普朗（Robert S. Kaplan）與諮詢顧問公司董事長大衛．諾頓（David P. Norton）共同研究推動的管理方法。只要運用這個架構，依據各公司需求，針對某些部分稍加調整，即可勾勒出一張清晰的團隊藍圖。

舉例來說，當業績不好時，你會從哪個面向去思考呢？技術能力不足？客戶滿意度問題？策略錯誤？如果不把這些因素互相連結起來，就難以發現真正的問題點。**平衡計分卡有助於解決這個情況，它透過連結「五個因素」來整合問題。**

①**團隊願景：**團隊追求的境界，「藉由○○，把○○化為○○」。

②**財務觀點：**業務單位追求「收益目標」，後勤單位追求「生產力」。

③**客戶觀點：**提供什麼價值？採取哪些行動？若是內勤單位，可將「客戶」替換為「公司相關部門」。

④**工作流程觀點：**策略、戰術。每個人可負荷的工作量、績效、企業體制等。

⑤**學習與成長觀點：**技術能力、資訊分享、工作動機、團隊合作等。

要實踐①必須要有②，要實踐②必須要有③，要實踐③必須要有④，要實踐④必須要有⑤，這是一整套互相串連且井然有序的架構。

【以業務部門為例】

業績不好，不是因為技術能力或工作動機（學習與成長觀點），而是因為工作流程有問題，導致提案數量不足。

運用平衡計分卡
勾勒出「堅強團隊」設計圖

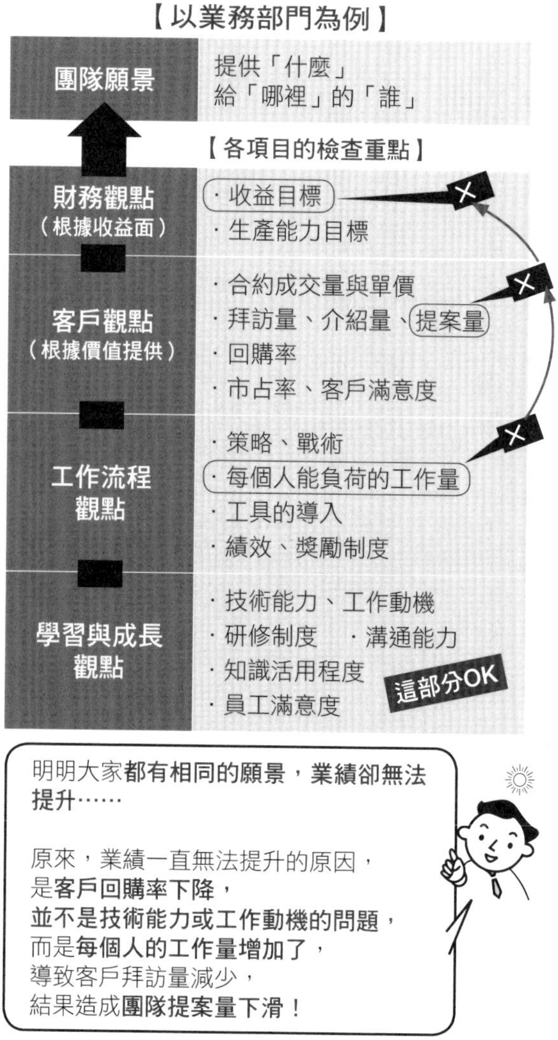

【以內勤部門為例】

稍加調整後，內勤部門也能運用。加班狀況無法有效改善，工作流程中的「評分」與「可負荷工作量」是主要問題點，而不是工作意識或技術能力。

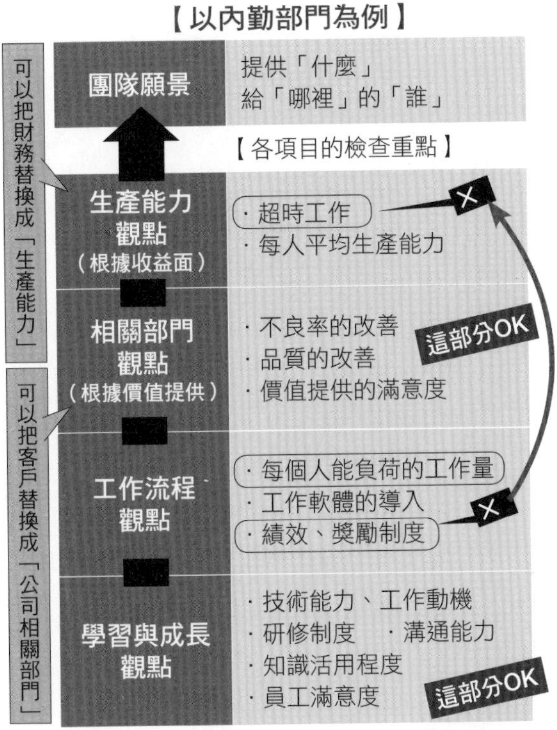

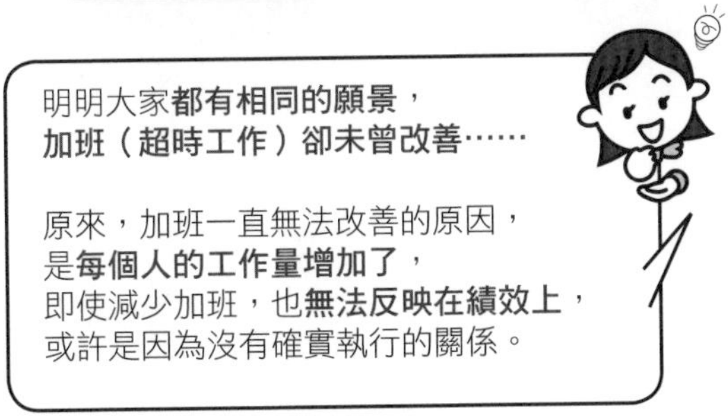

執行的指標太多，會使員工疲於奔命

看了上述例子，你覺得如何呢？只要**利用平衡計分卡，像這樣歸納整理，就能快速釐清問題的優先順序**。如果不找出真正的問題點，只想著「反正就先組個讀書會吧」或「多做一些討論吧」，不但勞心勞力，也收不到成效，類似的狀況只會持續層出不窮。以下列出幾個常見的錯誤：

- 雖然持續舉辦提升技能的學習課程，但是欠缺好的策略。
- 儘管有出色的策略，但是每人平均工作量太大，因此無法徹底實施。
- 即使盡力而為，但是績效評量不夠精準，導致計畫難以推動。

為了避免發生這種情形，必須事先畫好藍圖。但是，我們不需要過分拘泥於平衡計分卡。

企業在使用平衡計分卡時，會在這五個要素中設定數個項目，以「數字」精確管理，亦即徹底執行「定量管理」。從經營的角度來看，確實要盡量做到滴水不漏，但我們的工作主要是「現場管理」。

第一線的工作不需要事事都以數字來管理，一旦執行的指標太多，會使員工疲於奔命，掉入所謂的「KPI地獄」。（KPI是定量化的關鍵績效衡量指標，英文全稱為Key Performance Indicator。）

想要在第一線導入平衡計分卡，大致掌握以下原則即可：

- 為了「願景」與「業績、生產力的達成」，要建立什麼樣的「顧客接觸點」？
- 然後，為了達到這個目的，「工作流程」和「學習與成長」要做些什麼？

只要事先決定好具體做法，「應該要做的事」及「應該抱持的態度」就會變得一目瞭然。在接下來的章節中，我會逐一介紹每個觀點。

當責主管這樣做

聽天由命或單憑運氣無法建立實力堅強的團隊，請事先準備好藍圖！

02

【團隊願景的觀點】

多元化時代的管理哲學：建立團隊願景

「把團隊的問題，當成自己的問題。」

共同發想願景的過程，有助於凝聚團隊能量。

以願景來領導，部屬工作會更帶勁。

願景不是口頭說說的漂亮話，必須深入人心

「沒有願景也無所謂吧……」「既然公司都有經營理念了，團隊就沒必要了吧……」你是不是也有這樣的想法呢？

老實說，我剛當上主管的時候，確實有過這樣的念頭。當初認為，只要達到眼前

的目標就夠了，甚至以為只要業績好，團隊就會變好。

然而，部屬卻對我說：「達成目標是理所當然的，我們會努力做到。不過，我們無法想像未來的模樣，看不出自己是為了什麼而努力，覺得很不踏實。」

我瞬間醒悟過來。雖然誰都知道公司的經營理念，卻沒有深入人心。只是「知道」毫無意義，必須讓它成為每個員工的理念才行。

理念不是用來背的，而是要「當成自己的事去思考」。我建議用這個方式，來建立你們自己的團隊願景。

打動人心的團隊願景，要由大家共同發想

現今的職場，齊聚了擁有多元價值觀的人才。如果**主管的眼睛只盯著營業額，很難讓部屬全心投入工作**。

- 為了學習技能，在這裡邊做邊學（為了自己的未來）。
- 重視私生活，越是被逼迫，越不想努力。

- 成立了自己的公司，現在身兼二職（近來有增加的趨勢）。
- 另有副業，必須保留體力。

每個公司一定都有這樣的員工。換句話說，現今社會，是由個人來決定不同的能量分配比例。主管的任務，則是**讓能量「朝著特定方向，發揮到最大限度」**。正因如此，建立團隊願景勢在必行。

舉個例子，一位主要負責日本千葉縣地區的徵才廣告公司主管，來上過我的「改變領導力」培訓課程。這堂課的學習重點，是藉由提出公司願景，提升每個員工的自主性。當時的他就跟以前的我一樣，只把目光放在短期的業績目標。透過這次培訓課程，他瞭解到願景的重要性，並且開始和團隊成員一起發想。

最後，他們共同提出的願景是「透過招募，讓千葉縣更幸福」。這是基於他們自身經驗的投射，「千葉縣民每天像擠沙丁魚般搭電車通勤去東京，而且因為回家時間比較晚，有些人甚至無法與家人共進晚餐」。這個願景為他們帶來下列成果：

①提升自主性。（派遣員工主動說出：「我也來幫忙！」）

②一直無法全力以赴的中堅員工，睽違許久地達成目標。

③改變銷售方式。將願景告訴客戶，引發共鳴。（加入這段廣告詞：「近三個月內，千葉縣有超過一百人成功轉職。在勞資互利的前提下，我們全力提升千葉縣的工作媒合率。」）

④結果業績成長，關東地區整體受到表揚。（提出比公司要求還高的目標，並且挑戰成功。）

首先，**請大家一起想像**，客戶是誰？他們的「不滿、不便、不安」有哪些？在此基礎上，**所有人一起討論「想做的事」**。接著，再轉換成文字。

重點不是文字，而是大家共同發想的過程。如果只是丟出一句「讓千葉縣充滿活力」，肯定難以獲得認同。如今對他們來說，這個想法已經深深烙印在心中了。

當責主管這樣做

願景不是用來背誦的。創造「從自身觀點出發」的思考機會吧！

・03

【團隊願景的觀點】

深入人心的組織文化：避免願景流於形式

工作一忙起來，願景就慢慢被拋在腦後了。

主管反覆叨念、要求部屬背誦，都是徒具形式的做法。

「規律性」才是讓願景深入內心的關鍵。

會做比會說更重要，不實踐就沒有意義

好不容易發想出來的願景淪為徒具形式，這種情況很常見。

當然，也是有些人雖然一知半解，仍然能夠滔滔不絕地說出來。不過，若是不去實踐的話，就毫無意義了。必須將這些決定好的願景與挑戰，深化到每個人的內心。

為了達到這個目的，請務必這樣思考：**如果一週工作四十小時的話，就必須在這四十個小時內持續傳達**。當然，所謂的持續傳達，並不是用嘴巴說，也不是像背景音樂一樣播個不停。

因此，請思考一下，訴諸「視覺」與「聽覺」，再深入到「組織」中。如此一來，就可以持續傳達了。

◎訴諸「視覺」

也就是**展示的方法**。

舉例來說，像是在公司張貼海報、做成電腦桌布、放在電子郵件的簽名檔等。印在運動衫或夾克上，讓員工在辦公室裡面穿，也是一種方法。

最近令我感到相當感動的，是前文提到「透過招募，讓千葉縣更幸福」的課長所工作的職場。每當千葉縣的公司錄取了一名員工，就會用衛生紙做成的玫瑰花來裝飾辦公室，而當超過了一百名時，整間辦公室便充滿了玫瑰花（這些玫瑰花都是由派遣員工主動製作的）。

◎訴諸「聽覺」

也就是**用言語表達的方法**。

像是在每次的會議或朝會中，提到「與願景相關的話題」，這是最簡單的做法。首先，關鍵是領導者持續提醒；若是領導者停止提醒，就到此為止了。

舉例來說，可以參考軟銀集團（Softbank）董事長孫正義先生的實際做法。請看YouTube上的演講片段，十年來，他就像念佛般不斷提及「資訊革命將帶給人們幸福」。而實際上，不論是在職員工或離職的前輩們，沒有人不知道這句話。

因此，只有一次是不夠的，關鍵在於要有意識地反覆提醒。

當然，也可以要大家一起附和，但請注意如果最後變成只是「虛應故事的附和」，那還是不要做也罷。因為執行的目的，不是為了流於形式。

◎深入「組織」

也就是**形成慣例的方法**。

舉例來說，在每次的會議或朝會設定一個主題，讓成員報告工作進度或對於願景的規畫。

有個公司將「超越客戶期待」當成願景，**在每週會議中，設定一個「是否超越了客戶期待」項目**，回顧前一週的工作，各自發表有哪些超乎預期，又有哪些活動並未超乎預期。

舉例來說，有人認為某件工作沒有超越客戶期待，在會議上分享：「客戶跟我要資料，我直接寄了電子檔。不過，如果我能事先跟客戶確認人數、需要的份數，或許可以用郵寄的方式，將資料寄送過去。」

對此，主管給予讚許：「很好喔！這是非常不錯的發現。」

這個職場直到三年前為止，員工流動率始終居高不下。使用了這個方法之後，提升了團隊向心力，也獲得了許多客戶的讚賞，據說近兩年沒有任何一個人離職了。

像這樣**堅持不懈地做某件小事，對於深化願景會發揮極大作用**。請各位務必試看看這種「形成慣例」深入組織的方式。

當責主管這樣做

不讓願景流於形式，請確實用「視覺」、「聽覺」、「組織」深入團隊的心！

04

【團隊願景的觀點、收益的觀點、客戶的觀點】

決定團隊的挑戰：確定工作時程表

決定時程，「什麼時間內要做到什麼事」一目瞭然。

以收益目標、客戶至上的觀點，決定未來的挑戰。

用最短的時間，提升團隊的戰鬥力。

明確訂出「截止日」，在短時間內達到最大成效

決定好團隊願景之後，請加入時間軸，接著決定團隊的「挑戰」。建議**將挑戰期間設定為短期的一年或半年，最長不要超過兩年**。以「想像自己擔任該團隊的主管的期間」來思考，會更有真實感。

擔任人力集團的業務部門主管時期，我曾經有過「截止日效果」的真實感受。我當時運氣不錯，部門內有許多經驗豐富的資深前輩，提升業績對他們來說毫不費力。因此，我想要整合他們的力量，打造一個全新的客戶服務模式。

當時公司有一個大願景是「透過招募，增加客戶業績」，但是每個人的「理念強度」有高有低，我覺得必須做些改善。因此，我向團隊成員提出「挑戰策略」：「我們要用這一年內做出成果。每個人除了提升業績之外，也要提出增加客戶收益的提案。然後，我們在公司全體員工面前舉辦成果發表。」

最初，有些人反應很激烈，不太願意配合，但在共同討論之後，決定一起「挑戰」看看。如果當時沒有決定好願景，我想一定會爭論不休。後來，無論是業務部門或內勤部門，每個人的眼神開始有了變化。

為了提升策略的可行性，評估的標準是相當重要的一環。與主管商量後，他爽快允諾更改評估的標準。

於是，我告訴團隊：「除了自己的業績之外，協助客戶業績達標也是加分的要素。」有了清楚的評估項目，大家的認真程度進一步提高。

一年後的成果發表會上，團隊成員向眾人公開豐碩的戰果。其中，有一家年銷售額四百億日圓的客戶，透過招募而拓展了企業版圖，在八個月內業績就成長了三十六億日圓。

不要去思考「能不能做到」，而是要思考「想不想做」

這件事並非來自公司的要求，而是因為對公司的理念先有初步的理解，參考該理念後再規畫至團隊的願景裡、並且加入時間軸的概念以決定接下來的挑戰。

公司與企業組織也是如此，如果用**「能不能做到」來思考的話，絕對無法有所成長**。再更進一步從「能完成的目標」來看，難度較低的目標，無法讓人從工作中獲得樂趣。由此可知，大家一起**朝向「理想目標」邁進，才會讓工作變得有趣**。

至少，主管應該將「能不能做到」放在最後的最後。

首先，主管可以試著向團隊提出「想要挑戰這個」的方案，讓大家踴躍發表各式各樣的意見。這個討論的過程相當重要。如果跳過這個討論過程，只會讓成員產生「被擺了一道」的感覺。

請一起**與團隊成員共同思考「挑戰」吧**。若是出現反對意見的話，可以試著這樣詢問對方：「假設這個方案沒有任何風險的話，你願意嘗試看看嗎？」「那麼，我們一起來找出可能的風險好嗎？」

實際上，這件事幾乎沒有風險。倘若不順利的話，也只有「自己會覺得難過」而已，再來可能就是工作會稍微變得有些棘手而已。對公司來說，不但沒有風險，說不定正好能符合客戶的需求也不一定。

不論什麼事情，都可以成為挑戰。十年之後，當你再與團隊成員見面時，應該能讓他們說出「當時的經驗對我現在也很有幫助」。

請經常把「該如何好好運用這一年的時間」的課題放在心上提醒自己。為了達成目標，必須要做些「挑戰」。

當責主管這樣做

為了提升團隊力，決定期限、給予團隊一個高難度的挑戰吧！

05

【工作流程觀點】

高績效的工作方式：將每個行動規格化

「技術不足、能力不夠……」要找理由可是沒完沒了。
就算技術能力不足，也要有良好的規畫。
這才是現今主管所應具備的能力。

不依賴技術，任何人都可以做到的「規格化」

各位知道所謂「規格化」的思考方式嗎？這是指即使沒有爐火純青的技術，任何人都可拿出成果的「方法」。還是摸不著頭緒？沒關係，接下來讓我介紹一個例子。

赤坂璃宮是一家高級中華料理餐廳，餐廳主廚擁有花了數十年的時間才領略的精湛廚藝。有一個電視節目，是由電視臺的主播邊看主廚的食譜，邊進行料理。令人驚訝的是，節目來賓對雙方的料理都讚不絕口，難分軒輊。

像這種**「毋須領會實質技術，任何人都可以做到」的方法，就是所謂的「規格化」**。

以業務員為例，只要把「這個」和「這個」用「這樣的方式」去執行的話，不論是誰都可以做出一個成果。再以會計作業為例，只要在電腦中輸入數字，就可以完成一份文件。

AI系統的導入，正是規格化的方法之一。把人們的努力與技術化做「無」的境界，或許正是「規格化」的終極目標。

首先，我們要做到即使不使用AI系統，也要有一套能夠在現場執行的「規格化」作業。

製作使用手冊，明確列出過程與行動

我建議製作一份使用手冊，像是學校使用的「教師用解答本」，只要按照手冊所寫的去做，就可以獲得成果。

高績效者與其他人的工作方式，二者的差異超乎想像。**把擁有高績效者（良好績效者）的行為，落實為每個人都可以執行並完成的手冊。**

①確認高績效者的「工作流程」。

②確認每一個工作流程的「行動」。

③試著把該「工作流程」與「行動」歸納成任何人都可以做到。

以商談會為例，把當中曖昧不清的點去除，明確指出應該努力的地方。

當然，不只有業務部門，**無論哪一個職種，都可以統整出各自的「工作流程」與「行動」**。請務必試試看。

思考不會白費功夫的方法，是主管的責任

即便製作了使用手冊，若無法徹底執行的話，也毫無意義。無法徹底執行的原因

參考高績效者的方法
落實為每個人都可以執行的「工作流程」與「行動」

製作「商談會傾聽表」

日期　　　　　　　　**公司名稱**

先確認同意會談的對方的目的
從現在開始，要獲得對方接受各式提問的許可

瞭解狀況 condition	1 請教對方「使用其他公司產品的目的為何」、「對其他公司的評價為何」
	2 確認「選擇該產品的理由」
	3 確認「目前最想要實現的事情（目的、目標）」
	4 請教對方「產品在現場的使用狀況」
	5 請教對方的「最終目標預估值」
掌握問題點 gap	6 確認對方的「不便、不滿、不安」
	7 請教對方有哪些項目就可以達到滿分
	8 請教對方原因（為什麼能達到？）
確認可能的影響 Impact	9 請教對方如果就這樣置之不理的影響為何
同意提案	10 取得對方對己方提案的許可

若能在第六至八項上多花一些時間，會有更好的效果
前輩
商談會的練習
新進員工

之一，就是「沒有時間」。稍微調查一下便會發現，加班超時工作的情形不在少數。試著調整每個人所能負擔的工作量會比較好。

假設工作量真的超出預期的話，看看是要增加人力、調整團隊的工作分派或是考慮其他的方法（由總公司負責統整、外包等），要有不同的配套措施。

現在已經不是以前那個要大家先咬著牙共體時艱，一起努力用意志力跨越困難的時代了。**建立一個不會白費功夫也可以達到目標的制度**，是主管的責任。

請務必大膽省略那些無濟於事、白費功夫、渾沌不明的做法。

當責主管這樣做

請努力思考「不白費功夫、不浪費時間」就能獲得好成果的方法！

06

【工作流程觀點】

改善團隊行為模式：重新制訂評分標準

大多數的員工，只會配合「評分標準」去做事。
不在評量範圍內的事，就不會徹底執行。
只要改變評分標準，三個月內就能看出成果。

改變評分標準，就能改變員工的行為

員工的行為不是那麼容易就能改變的，因為大家很難捨棄自己長久以來慣用的方式。然而，只要改變評分標準，從那一刻起，就會改變員工的行為。

當你**希望員工採取新的行動時，請先試著改變評分標準**。當然，要改變公司的人事制度沒那麼容易。但是，即使無法改變制度，也請試著思考「是否能以『運用』的方式來達到改變」。只要是公司員工，都會受到「評量」的影響而有所改變。

希望大家不要誤解，我並不是要強調評量是一件不好的事。**「評量＝公司對員工的期待」**，只不過，現行公司對於那些無法用來評量的工作，只能跟員工說「加油」，給予「精神上的支持」，造成許多任務未能充分執行。

加班就是一個很好的例子。只要加班的話，就能得到每小時一．二五倍的加給費用，導致加班變相成為評量的結果，很難讓人戒除。因此，要以「運用」的方式來改變。有些公司這樣做：「每個月加班超過三十小時，就算沒有成績也必須強制休息（以結果論，會影響到個人評量）。」也有些公司把加班過多的人從業務表揚獎項中先剔除。有的公司給予能提早完成工作的員工較高的獎金報酬，結果，員工們開始思考「該怎麼樣才能早點完成工作回家」。

改變評量的標準，三個月內就能夠看出成果！

當責主管這樣做

首先，請重新規畫「評分標準」吧！

07

【學習與成長觀點】

凝聚團隊向心力：確保成員的「對話量」

如果成員無法輕鬆對話，團隊很難發揮功能。

首先，要確保團隊的「對話量」。

營造輕鬆對話的氣氛，是主管的責任。

沒有對話的組織，不可能順利運作

有不少團隊是不太講八卦或不太聊私人生活的，其中最主要的原因通常是沒有多餘的時間或精力。每個人所能負擔的工作量不停增加，再加上受限於加班潛規則，忙都忙不完了，根本沒時間說話。不過，有一點請特別注意：**在團隊剛成立之初，「對**

話量」是極為重要的一環。

根據美國心理學教授布魯斯・塔克曼（Bruce W. Tuckman）提出的團隊發展階段理論（Tuckman's stages of group development），我們可以來看一下「塔克曼模型」。其中值得矚目的是第一階段的「形成期」。在這個階段，成員彼此相當生疏，**去除這份陌生的感覺是此階段的關鍵。**不需要使用太困難的方法，只要讓成員彼此能有一些時間進行對話就可以了；一起共進午餐是不錯的方法，這種日常生活小事，可以帶來巨大的效果。

跟固定的人談話毫無意義，必須打破小團體

分享一個在客服中心所做的實驗，這是由日立中央研究所人員進行的一項調查。此客服事業公司名為信賴溝通股份有限公司（Relia, Inc.），前身是喂喂熱線公司。

他們採取的方式是，把**同年齡層的成員做不同搭配（以四人為一組），讓他們一起共進午餐。**結果，居然讓顧客訂貨率成長了十三％。這樣的結果可以說是因為溝通管道暢通，讓眾多的資訊（知識）能夠順暢地廣為流傳。

由於公司結構被「看不見的、步調緩慢的小團體」分裂，因此必須透過增加成員彼此之間的連結，讓溝通管道變得更開放，從而提升生產率。

換句話說，**總是跟固定的人談話毫無意義，超越小團體的對話更為重要。**

塔克曼模型（團隊發展階段理論）

準備期間

形成期
- 團隊成員相見歡。
- 在這個階段不熟悉彼此、有生疏感。
- 此**時必須注意成員間的「對話量」。**

風暴期
- 團隊成員針鋒相對、產生衝突。
- 逐漸地會為了獲取更高的團隊利益，而達成共識。
- 此時**必須用坦誠相見的對話以瞭解彼此，亦即「對話的品質」。**

堅強團隊

規範期
- 建立團隊基本規範和準則。
- 增加團隊凝聚力。
- 此時**必須注意成員的「接受度」。**

表現期
- 展現卓越成果。
- 此時**必須注意給予「讚美」。**

除了有效活用午餐時段之外，有的公司會把握會議前五分鐘的時間，建立團隊輕鬆談話的氛圍，因此提升了員工對公司的整體滿意度。

每一種方法都可以試試看。請務必運用跟以往不同的方式，抓住任何適合你的團隊且能增加對話量的機會。

固定安排面談，打造高滿意度的職場

接著再來看看其他的方法。

許多獲得員工高滿意度的公司，都有一項共同的特點：固定與員工進行面談。另一個關鍵是面談的次數。公司進行**面談的頻率，一個月至少要安排二至三次左右**。

位於東京都町田市的「合掌苑」，被譽為「奇蹟般沒有員工離職的老人安養中心」，他們每個月會為員工安排數次與主管面談的機會。有一間大型網路應用軟體開發公司，他們也確實執行每週一次與員工的面談，在員工滿意度調查中獲得偏差值高達八十的評價。

所謂「面談」，大概**十分鐘左右就可以了**，內容可以是「最近有遇到什麼困難嗎」等。一位曾經是我的客戶的主管，他這麼說：「有時候沒有話題，不知道要說什麼時，就把自己最近發生的事報告一遍。」

團隊剛成立之初，是最需要凝聚向心力的時候，請試著**增加成員彼此間對話的「量」**。打造輕鬆對話的環境，是很重要的第一步。

當責主管這樣做

注重成員間的對話，製造能夠增加團體全員「對話量」的機會吧！

08 解決團隊紛爭：提升成員的「對話品質」

【學習與成長觀點】

每一個團隊中，都會發生混亂或爭執。
「對話量」無法解決難題，必須加強「對話品質」。
讓成員說出各自感受，互相表達關心。

團隊進入「風暴期」時，要確保「對話品質」

每一個團隊中，應該都曾發生過超乎自己想像的混亂或爭執吧。不過，此時不需要太過著急，因為團隊只是進入了風暴期而已。

在這個時候，光是只靠對話的量是無法解決困境的，我們必須著重在「對話品質」上。所謂**對話的品質，是指成員彼此之間的感受**，「什麼會讓你感到開心呢」、「你對什麼感到不滿呢」、「你擅長的事情是什麼」、「未來想運用你的專長完成什麼事呢」等。

像這樣對每一個人不同的「想法」互相表達關心，就是對話的品質。

老實說，過去我也遇過這種讓人一個頭兩個大的混亂局面。不過，因為我瞭解這只是**必經的「風暴期」**，所以知道應該怎麼應對。以下介紹我當時的應對方式。

爭執與對立是成為堅強團隊的必經過程

為了知己知彼百戰百勝，我推薦可以**使用半天或一天的時間，來進行研修討論**。意外地，你將會發現，原來彼此之間都只有看到對方最表層的那一面，沒有進入到內心深處。

我使用了優點檢測工具「個人優勢分析測驗」（Strengths Finder）。當初用的是免費版本，能夠簡單快速地測試出當事人的優勢。不使用個人優勢分析測驗也可以，即便沒有問卷調查也能夠完成測試。

所謂優勢，實際上是相當多元的，儘管有時看似矛盾，卻讓人點頭稱是。有些人很擅長於「收集資訊」，有些人則是擅長「挑戰全新的方法」，也有些人精通於「團隊合作」，我們能夠從測試中瞭解這些優勢。

爭執與對立
是成為堅強團隊的必經過程

準備期間

形成期
- 團隊成員相見歡。
- 在這個階段不熟悉彼此、有生疏感。
- 此時**必須注意成員間的「對話量」。**

風暴期
- 團隊成員針鋒相對、產生衝突。
- 逐漸地會為了獲取更高的團隊利益，而達成共識。
- 此時**必須用坦誠相見的對話以瞭解彼此，亦即「對話的品質」。**

堅強團隊

規範期
- 建立團隊基本規範和準則。
- 增加團隊凝聚力。
- 此時**必須注意成員的「接受度」。**

表現期
- 展現卓越成果。
- 此時**必須注意給予「讚美」。**

假設今天團隊裡有一位成員想要做「收集資訊」的工作，若是有人對他說「收集資訊什麼的就免了，還不如趕快動手做」，等於是全盤否定他的想法，很容易打擊到對方。

如果我們能夠**知道當事人的「價值觀」與「背景」，對他的瞭解將會迅速提升。**

你可以在研修討論的時候，詢問成員以下四個問題：

①對現在工作的滿意度如何？
②有了哪些條件，你會感到滿足？
③什麼時候你會感到開心？（到目前為止，哪些事讓你感到開心？）
④工作士氣高昂時、或回復一般水準時，你覺得你發揮了哪些優勢？

根據研討人數的不同，一至二個小時內可以完成，請務必試試看。

身為企業培訓課程講師，我也為各大小企業提供了相同的方法，而他們試過後總是會給我一樣的回饋：他們對彼此不熟悉的程度，實在太令人震驚了，連自己都不可置信。

當然，如果願意花費更多時間，就能夠更加瞭解彼此，但是現在每個人就像在跟時間賽跑，沒有多餘的心力。因此主管必須要下功夫，不占用過多時間，就能達到讓成員更加瞭解對方的目的。

當責主管這樣做

團隊的衝突紛爭是成長的過渡期。為了下一階段的成長，讓團隊成員好好認識彼此吧！

個人優勢分析測驗®

個人優勢分析測驗是由美國的蓋洛普（Gallup）所開發的一種優勢診斷工具，它是一家主要進行民意調查與企業諮詢業務的公司。當我還任職於前公司時，主管告訴我「這個很棒」，看到主管自信的神情，我便自己選購了線上學習課程。方法很簡單，有兩種，我選擇購買實體書籍（方法1）。

方法 1 購買有登入識別碼的實體書籍
方法 2 直接從Gallup公司網站購買登入識別碼

■ 附有登入識別碼的書籍

《發現你自己的領導力優勢 新版
個人優勢分析測驗 2.0》
湯姆．拉思（著）
日本經濟新聞出版社

《現在，發現你的領導力優勢》
湯姆．拉思＆巴里．康奇（合著）
中國青年出版社（簡體字版）

再來，把手邊的登入識別碼與電子郵件信箱（或是密碼），輸入到指定的網站並且回答問題，就能夠從三十四種天賦中，得到最符合自己的前五名的天賦。

順帶一提，我做出來的結果如下。

第1名 戰略	第2名 完美	第3名 積極
第4名 行動	第5名 自信	

全體團隊成員彼此分享成果

不使用優點檢測工具也可以

事前準備

回顧自己的動機都是受何事影響

回顧過去到現在（從出社會以後至今）

試著整理「盡自己所能後，獲得成功與失敗的經驗」

西元年	大事記	低←成就感→高	盡自己所能 ・對工作產生高度滿足之時 ・想從低潮谷底爬升之時	你感覺到了什麼？
2006	進入公司	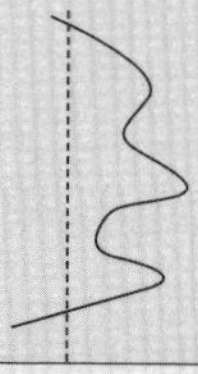	團隊合作能力	很開心感受到後輩們的成長。
2008	部門調動			自己也很開心能成為他們的前輩。
2009	擔任要職		鬥爭心 指導後進的能力	感覺成功這件事能為團隊注入活力。
2010	獲得表揚		團隊合作能力	我理解每個人都有自己的重要任務並為其努力。 由於組織變動，公司裁減了我想進入的部門，為此我覺得難過。 對於全然忘卻過去經驗，一心沉浸於新工作的自己，感到相當驚訝。

■ **獲得成就感時的共通點是什麼？**

■ **獲得成就感時，發揮了什麼樣的力量？**

■ **什麼樣的契機讓成就感由「低」轉「高」？做了哪些事情而掌握了這樣的契機？**

分享

團隊成員分享彼此的結果

09

【學習與成長觀點】

發揮團隊價值：讓每個人都是主角

領導者切忌一個人單打獨鬥。
領導者不是唯一的主角。
明確分工，引導出每一個人獨特的力量。

培養自己的「軍師」，提早讓情勢逆轉

你身邊有「軍師」嗎？所謂軍師，是指你的「小幫手」，或者是「幫你做事」的部屬。如果你還沒有軍師的話，不妨從現在開始培養吧。

當你想要嘗試某項新事物的挑戰時，相信一定會激起反對的聲浪。也就是所謂

的「二：六：二」法則。二成的人「贊成」、六成的人「沒意見」、二成的人「反對」，在大多數的情況下，都能預想會有這樣的結果。此時，就要從改變六成的人的心意開始著手。如果能改變六成的人，那麼另外二成的人就不得不跟著做調整了。

這個時候，**由軍師來說「必須要這麼做」的效果，會比主管自己說來得好，也能夠提早讓情勢逆轉**。舉例來說，前文提過我曾經提出「一年後要舉辦成果發表會」的挑戰。當時大家的反應，正是「二：六：二」的狀況。由於二成的人展現極度反對的態度，讓現場氣氛非常凝重。

此時，有一個人站出來替我說話：「我覺得我們應該要做。現在或許還沒太大影響，但若是考慮到三年後的情形，我覺得我們有必要維持或超越目前與客戶之間的關係。大家一起來試試看好嗎？」就這樣，順利達成決議。

雖然沒必要直接告訴對方「你就是我的軍師」（直說也無妨），但如果有一個人**能夠跟你用同樣的角度思考、能夠跟他商量事情、如此令人信賴，那個人便是你的軍師**。只要有軍師，就會事半功倍。如果沒有的話，請趕緊培養。

花個半年或一年的時間，分享各式資訊的同時，也試著跟他商量看看。相信漸漸地，你們看事情的角度會越來越一致。

分工合作，賦予團隊各自的角色與責任

只有軍師一個人孤軍奮鬥的話，整個團隊是不會達成平衡的。一個團隊裡，不可將主角與配角過於明顯區分，請做好分工，讓團隊中的每個人都有自己的角色與任務。**分工，將是發揮團隊價值的一大重點**。「由於高橋先生的安排與調整，提案改善率增加了五％！」像這樣在眾人面前稱讚員工，這個做法可以提升員工士氣。

【團隊成員的分工】

- 負責思考（思考全新做法的人）
- 負責製作（製作工具或資料的人）
- 負責主持會議（讓會議順利進行的人）
- 負責公關宣傳（炒熱氣氛的人）
- 負責員工福利（籌畫員工聚餐、旅遊的人）
- 負責學習（分享有利情報的人）

舉例來說，為了強化團隊實力，可以有負責發想行銷活動的人，或是有擅長製作企畫書的人。有的公司會將主持會議的工作交給部屬。（不由主管擔任會議主持人的團隊，較能提升自主性。）主持人可以是負責行銷活動的公關宣傳部門的人，也可以是福委會的執行委員。有的公司會有專門負責收集資訊的人，比如從《日經新聞》與《日經流通新聞》（現名為《日經ＭＪ》）中，擷取對工作有用的資訊，分享給團隊所有人（這也有助養成學習的習慣）。

當然，**一位成員可以兼任多種不同的角色，也可以由多位成員輪流擔任某一項職務**，不論哪一種方法都很好。

無論如何，請主管先決定好各成員的分工，再給予每個人各自的任務。這樣的方法，肯定可以讓團隊成員產生「我們都是推動這個團隊前進的動力」的想法，培養出良好的團隊自主性。

當責主管這樣做

為了讓團隊有凝聚力，請賦予每個人應有的團隊角色與分工，一個都不能少！

10

【學習與成長觀點】

強化團隊行動力：創造感謝的機會

主管一聲感謝，能讓部屬更加充滿自信。

來自同事的感謝，讓人感到團隊的溫暖。

得到客戶的感謝，則是成就感的最大來源。

從三個不同的角度，大幅提升「感謝的數量」

不論是誰，只要被某人感謝，士氣一定都能為之一振。美國心理學家亞當・格蘭特（Adam M. Grant）在關於感謝的研究中提到：「當員工獲得來自主管感謝的話語或對於工作的回饋時，能夠提高其生產力。」

在此介紹幾個能「增加感謝」的方法。不單只有主管，每個人都請嘗試從三個方向表達感謝的心情。

第一個，**來自主管（也就是你）的感謝**。比如「謝謝你為團隊盡一份心力」、「真是幫了大忙，謝謝你」。請做到至少一週或兩週對員工表達一次。把感謝的心情說出口，並養成「好習慣」，長久下去肯定會看見成效。

- 每半年一次，為當季最活躍的員工頒發「MVP獎項」或「表現優異獎」等。
- 每週使用社群軟體或電子郵件發送訊息（告訴大家本週最努力員工的事蹟）。
- 在每天朝會上，一定要說些感謝的話。

第二個，**來自同事的感謝**。來自同事的感謝心情，與主管的不同，這代表了被團隊其他成員接受，讓人擁有「已成為團隊一份子」的安心感。這種感覺稱為「對組織的適應感」，可以提升對團隊的凝聚力（羈絆）。不過，必須搭配一些方法：

- 在職場上表揚（比如：大家所選出來的最佳員工）。

- 大家互相寫下感謝心情的感恩小卡片（可參考知名企業做法，比如：互相交付親筆手寫卡片的東京麗茲卡爾頓酒店與日本航空，在很多地方設置信箱給員工投遞小卡的東京迪士尼渡假樂園等）。
- 用蛋糕幫員工慶生（包含感謝之意）。

第三個，**來自客戶端的感謝**。從客戶的問卷調查獲得的回饋、網路上的評價或是

增加「感謝數量」

感謝數量

＝

「主管X同事X客戶」的感謝

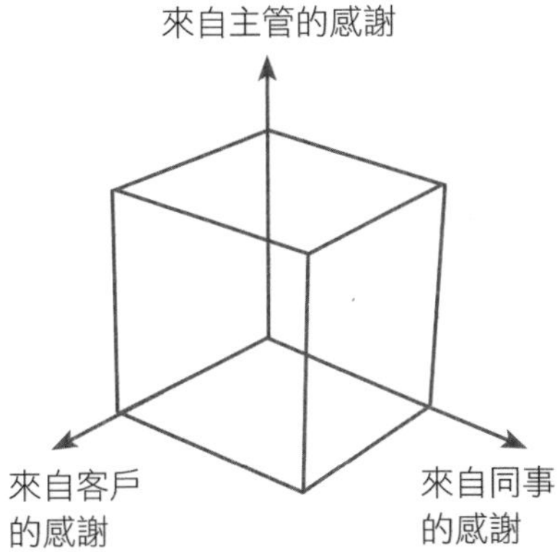

實際與客戶互動所得到的意見等，將這些與團隊成員分享，對於建立團隊自信心及強化團隊行動力，有一定的效果。

現在這個世代，逐漸地把焦點放在能否對社會帶來貢獻，這將是未來必須優先加強的要點。

- 收集客戶的評價（問卷、電話、主管拜訪等）。
- 把客戶的評語貼到社群網站上或是以電子報方式宣傳。
- 把寶貴的客戶評語張貼至牆上公告。

領導者就是創造機會的專家。能夠實際接收到來自客戶的感謝心情，這種機會出乎意料地少。請各位主管務必試看看，有計畫性地收集客戶心聲，並且分享給團隊成員，**創建一種能獲得最大感謝的機制**，相信一定會帶給成員無比的自信心。

當責主管這樣做

表達感謝的時機，不是「靈光乍現」，而是要有系統性地「安排準備」！

第 6 章

快狠準！做出兼具速度與正確度的聰明決策

01 維持競爭力，下決策絕不拖延

「再等一下，我要好好想一下……」

一旦心生遲疑，往往會錯失最佳商機。

主管內心要有一把尺，快速正確做決斷！

延遲決策如同細菌增生，會衍生更多問題

主管經常**容易犯的錯誤是「延遲決策」**。總是延遲下決策，造成錯誤越來越大難以彌補，這樣的案例多得驚人。

知名餐飲業諮詢顧問小野寺誠先生說：「有能力的店長，會預想員工辭職一事，

當員工還在職時就想到要先招募人員備用；而沒有能力的店長，則是在知道員工要離職了，才慌慌張張地加緊招募新人。」接著又說：「沒能力的店長，因為沒有多餘精力處理事情，為了度過眼前危機，採取『一週來上一天班也可以』這種不費神卻治標不治本的方法。不過，即使勉強雇用了新人，最後他們也無法成為團隊戰力，馬上就會辭職。這樣的做法，會造成店家服務品質低落到難以挽回的局面。」

延遲決策的等待空窗期，會像細菌增生一般，衍生出更多問題。因此，領導者先採取行動才是正確的選擇。當領導者意識到延遲下決策會帶來極大的風險時，先行預想「一個小動作可能會演變成另一種態勢」，經過評估，認為現在採取行動對團隊比較好，那麼就必須先採取行動，即便這可能會耗費多一些資源。

不受壓力影響，在心中放一把無偏誤的尺

話雖如此，我並不是在鼓勵「儘管去做就對了」。假如主管受到當下情勢的壓力或氣氛影響，以為很帥氣地做了決策：「好，就這麼辦吧！」不但很有可能浪費部屬才能，甚至做白工，最糟糕的或許是讓部屬的處境更艱難。

在戶部良一與寺本義合著的名作《失敗的本質》中，描述了第二次世界大戰時，因國家決策錯誤而導致的許多戰爭悲劇。

其中，最淒慘的敗戰是「英帕爾戰役」（Battle of Imphal）。當時負責指揮的司令官認為：「若不在此地分出個勝負，不但會讓軍隊士氣渙散，如此不光彩的事情我也辦不到。」因此，他抱著極微渺的期待，在其他軍官皆反對的情形下，一意孤行決定出戰。結果，十萬名日軍中，有三萬名戰死沙場，受傷生病者高達四萬人，這場大敗的戰役在日本已然成為「有勇無謀」的代名詞。某位生存下來的前士兵，在接受NHK採訪時說：「大部分都是喊母親的名字。沒有母親的人，便喊著父親的名字，然後赴死。」司令官當時是否有掌握全盤戰況呢？或是被利慾薰心，輸掉了自己的功成名就呢？

企業組織中也有許多類似的情形。運用話術讓客戶下單、自掏腰包購買產品以達成業績目標，或者為了讓數字好看一些，稍微動個手腳等……**為了不被當下的壓力牽著鼻子走，心中要有「一把無偏誤的尺」（準則）**。如此一來，就不會太輕易被大環境所影響。

【依據七準則，快速準確下判斷】

- **客戶觀點：**比起公司內部業務，經常思考「客戶怎麼想」。
- **公平觀點：**雖然交易金額相同，但折扣率不同。長期來看，不利於事業發展。
- **風險觀點：**預想「最糟糕的情況下該怎麼做」，以便迅速應對。
- **目的性觀點：**是否脫離「原本的目的」？這是英帕爾戰役失敗的原因。
- **效益觀點：**考慮「投資與報酬」的效益，沒有效益的事就不要執行。
- **回復觀點：**即使失敗，也要努力降低損害，把它當作是繳學費。
- **長期觀點：**不要只考慮眼前的事物，要多從未來的角度思考。

不要輕易妥協，把目標放在AND而非OR

有的時候，會因為「權衡」（Trade-off）的關係，出現被迫要立即下判斷的情況。如果著重在「數量」這部分，勢必影響到「品質」；如果著重在「速度」這部分，勢必影響到「成本」。這種二律背反的情況，就稱為「權衡」。

知名的企業管理學大師蓋瑞．哈默爾（Gary Hamel）提到：「應把目標放在AND而非OR。」因為，當AND得以實現的時候，便表示激發出「第三種方式」了。若是妥協於OR，將無法突破現況，甚至會壓垮原有的可能性。舉例來說，假設以下是某人力顧問公司年輕主管的想法。請你也一起來思考看看。

【事例】業務主管遇到的狀況

- 針對陌生開發，必須**打越多電話越好**。
- 經過計算，每個人一天必須打一百至兩百通電話。不過，這樣的工作強度實在太大、執行上有難度，且容易造成離職率上升。
- 若委託外包公司處理，一般的計價方式都是以撥打的數量計算。因此，撥打的數量越多，**成本就增加越多**。不過，由於這是新開發的業務，**不會造成大筆成本（固定費用）支出**。

如果是你的話，會採取什麼樣的應對方式呢？那位年輕主管想到了「第三種方式」：「首先，我們外包出去。只不過，不是以撥打數量來計價，而是依照是否成功邀約客戶的數量來計價，成功的話才算數。如此一來，即使撥打的電話數量增加，也不會影響成本。對於外包公司而言，若是員工共同努來提升成功邀約機率，少量的電話數便可以邀約成功，對他們也是一種增加利益的方式。為了達到彼此雙贏，關於電話技巧或資訊提供，我們保證會毫不保留地提供給對方。」

他以這樣的條件，試著在業界搜尋了一下，找到了一家很開心接受這件委託的公司。實際執行之後，公司業績不但順利成長，從一開始的四人小公司，經過四年擴張到超過一百位員工，而且前景相當看好。

「要重視數量或是品質」、「要重視效率或是安全」等，當你**面臨到這種需要權衡的決策時，不要輕易妥協，請秉持著激發出「第三種方式」的思考原則**，如此做出來的判斷或決策，才能讓職場及事業更加茁壯。

當責主管這樣做

迷惘的時候就用「心中的尺」來判斷。首先，制訂一套自己的「判斷準則」！

02 明快做決策，運用理論而非根據經驗

「愚者從經驗中學習，賢者從歷史中學習。」

事實上，知名的商業理論大多經過歷史驗證。

優秀領導者不會迷惘，隨時大膽明快做決策。

遇到每一種狀況，必定都有可依循的理論

星野度假村的星野佳路社長總是大膽明快做出決策、毫不遲疑，值得所有領導者借鏡。

在某次公開座談會中，有人對星野社長提出關於「判斷準則」的疑問，他回答：

「就我來說，我自己的其中一把尺就是商業理論。我認為理論是值得信賴的。為什麼這麼說呢？因為理論都是已經通過驗證的成功模板，也就是說，已成為固定模式了。因此我認為，遇到狀況的時候，必定會有合適的理論可以對照。那個時候的重點，就是要根據教科書上所寫的內容，好好地去執行，**不能單純只挑選對自己方便的事去做，而是全部都要試看看**，這一點很重要。」（編註：摘自「二〇一八年G1新世代領導者高峰會・給G1-U40的一段話」影片）

哈佛商學院的竹內弘高教授，也在二〇一八年的世界經營者會議上，對星野社長說：「星野先生跟我一樣，都是麥可・波特（Michael Porter）的狂熱支持者呢！（笑）」此外，眾所周知，星野度假村集團會替員工準備許多與商業理論相關的學習研修課程。

瞭解理論之後，才能談論類似的重要事情。既然做了主管，請務必先瞭解基本的商業理論。

「運用選擇與專注力，歸納出應該要做的事」、「競爭優勢理論很重要」等，你是否聽過這些言論呢？「選擇與專注力」是彼得・杜拉克（Peter Drucker）所提倡的理論，「競爭優勢理論」則是麥可　波特所提倡的理論。當瞭解這些理論的人，看到了那些無法歸納應該做什麼事情的人時，肯定會替那些人捏一把冷汗。

瞭解理論之後，才能談論重要的事情

那麼，讓我來介紹幾個我所推薦、並且應該要先知道的理論。在這裡，我將不贅述各理論的詳細內容，但是我會說明它們的要點，以及具有什麼樣的效果。

①商業策略、行銷理論

- SWOT分析（考慮策略時，業務環境會如何變化？）
- 成長策略（會往哪個領域成長？進入新領域或是現有領域？）
- 競爭策略（是否有確實執行選擇與專注力？競爭優勢是否明確？）
- 行銷４Ｐ組合策略（Marketing Mix）（推動該策略的「具體戰術」為何？）

②管理理論

- 平衡計分卡（你管理了些什麼？※請參閱第五章）

- 人力資源管理（降低離職率、獲得好成果的對策是什麼？一開始的部屬、培訓、評量、報酬是什麼？）
- 指導的 GROW 模型（如何消除「有壓力」的感覺？※請參閱第四章）

③金融基礎理論

- PL 損益表（銷售額、毛利率、營業收益的情況如何變化？錢是否都花在刀口上？）

當然，以上只不過是理論的一小部分，肯定會有更瞭解理論的人，跳出來告訴你：「其他還有很多喔！」不過，對於第一線現場主管而言，**瞭解理論與否，會讓判斷與決策的品質大大不同**，這一點應該是無庸置疑的。

有興趣的話，可以買一本解說商業架構的書籍來參考。如果真的想要認真學習更多的話，也可以去有提供相關商業課程的學校上課，我也很推薦參加日本中小企業診斷士測驗。準備證照考試時，即使沒有合格，但你學習到的**知識永遠是最強力的武器**。

這邊講一下題外話，即便你未能取得證照，但是可以將所學的知識當成武器，在公司內部產生影響力，進而獲得晉升的機會，又或者你可以運用該知識與專業技能所產生的相乘效果，成立企業諮詢顧問公司，獲得的收入將遠高於考取證照的人。這樣的逆轉現象，在現今社會已經越來越普遍了。

換句話說，**重要的不在於是否「取得證照」，而是在於是否有學以致用**，運用在實務操作上。

在某些時期，專注於學習絕對是一項資產。當你成為一位領導者時，正是學以致用的最完美的時機。

當責主管這樣做

成為主管後，要學會運用理論而非根據經驗來下判斷！

03 訓練決策力，先從「課題」開始思考

越急於解決問題，越無法提出有效的解決方案。
考慮「應對方式」之前，請先歸納「課題」。
課題一釐清，「應該做的事」就一目瞭然！

不急於解決「問題」，而是先設定「課題」

越是根據突然靈光乍現的點子來做決策，越是容易陷入做白工的困境。當部屬耗費許多精力卻毫無成果時，主管很有可能會逐漸喪失部屬的信任感。

首先，當我們**面臨到必須解決的問題時，不要從具體的對策來思考**，在此之前，

必須先「設定課題」。

第一步，先釐清「何謂課題」。很多人把問題與課題混淆了，簡單整理如下：

問題：應有的態勢（想要成為這樣）與現狀之間的落差。

課題：首要應該解決的事情，也就是成功的關鍵（要因）。

接著，請參照下列圖表。這張圖表說明了「決策品質差勁」的主管與「決策品質優良」的主管有何差異。

我們可以看到，決策品質差勁的主管，是一下子就從「對策」去思考的類型。他的口頭禪是「依我的經驗來看」、「我在其他地方也這麼做過」、「因為上層主管說應該要這樣做」等，思考模式簡單武斷，無法獲得有效的解決方案。

從效益觀點出發，迅速做出決策

另一方面，**決策品質優良的主管，首要之務是設定「課題」**，提出數個應對方

訓練決策力，先成為從「課題」思考的人

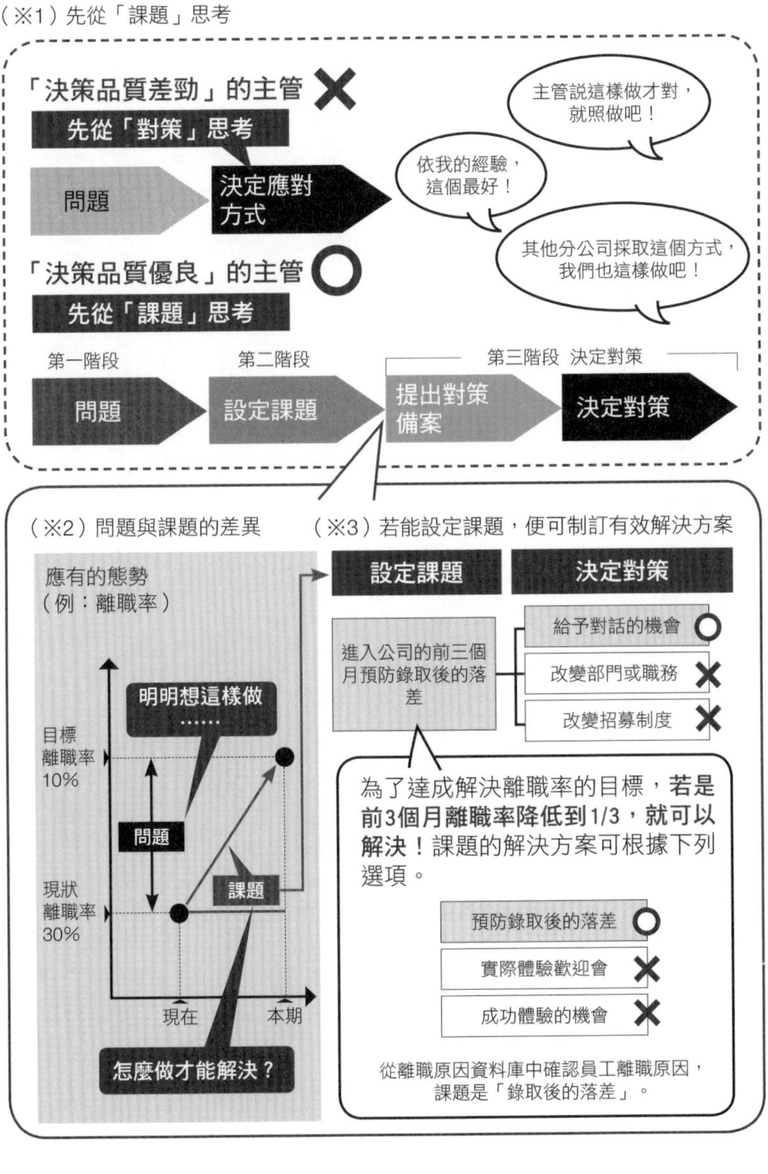

案，並**從效益觀點出發，迅速做出決策，接著再詳細記錄過程。**

以圖表為例，某間公司想將員工離職率降低至十%，現狀卻是三十%。若是成功將自己部門的「新進員工三個月內離職率降低為十%」，則公司整體離職率也會降至十%。光是瞭解到這一點，便可以鎖定大致方向。

因此，可據此提出課題的數個方案。在這件事例中，提出的三項方案包括「預防錄取後的落差」、「實際體驗歡迎會」、「成功體驗的機會」。接下來，從離職原因資料庫中確認員工離職原因，決定課題為「錄取後的落差」。再列舉數個對策備案，並選擇最有效果的那一個。

透過「從課題開始思考」的方式，很有可能獲得較佳的判斷。

你現在正面臨什麼問題呢？請務必試著設定課題，它將有助於你做決策。

當責主管這樣做

不要一開始就思考應對方法。遇到想要解決的問題時，首先請設定「課題」吧！

04 提升判斷力，事先準備一套準則

因為難以判斷而延後決策，會導致危險的後果。

當然，並不是要你毫不思考就做出決定。

身為主管，首要之務是事前預備一套應對準則。

回想原本目的，切勿倉促下結論

如果你急著在當下做出決定，很有可能會讓你忘失原本目的，在一陣兵荒馬亂之中倉促下結論。這種時候，需要稍微退一步，冷靜地思考。**回想自己的目的，「我是為了什麼而做這個決定？」**

我在擔任業務課長時，有天，一位部屬來問我：「伊庭先生，有個全年營業額三十億日圓的新客戶，想要來與我們洽談，是否可以接下這個案件呢？」

當時這個部門的全年營業額大約五十億日圓左右，因此這看起來是一個天大的好機會。我詢問了相關的內容之後，瞭解到這與我們的業務無關，而是和電視廣告及網路廣告比較相關。可以說，這是在跟大型廣告公司搶業務的感覺。我對那位部屬的業務能力感到十分佩服，因為本公司主要客源是以徵才廣告為主，而非商業廣告。的確，那位部屬擁有敏銳的市場洞察力，如果是他的話，我認為有能力獨當一面應對這個案子。

與主管商量之後，主管告知「由伊庭你來決定就好」。而我在幾經思量之後，決定回絕這份工作，理由如下：

- 本公司的願景與應盡的責任，是要「透過招募制度，提升客戶業績」。基於這樣的願景，才會有專門的招募服務。
- 假設，未來那位部屬生病或是離職了，公司並沒有足以對應的機制。若真是如此，勢必要建立新的部門，進行員工教育訓練。

- 雖然三十億日圓的收入讓人很心動，但一想到未來的狀況，這項業務便顯得脫離公司本業有點遠了。而且，這絕對不是能夠活用本公司優勢的業務範圍，倘若有些許成果，也只不過是暫時性的光環。
- 如果我們是新成立的公司，或許還有可能拚一下，但我們已經是營收超過兩千億日圓的大事業體了。

綜合這些原因，我做出了判斷。當我仔細向部屬說明原委後，部屬也認為「說得有道理」，爽快地回絕對方。如果我們接受了這項委託，很有可能在業務擴增之前就必須宣告終止，因為這是一塊我們看不到未來的新領域。當下我們應該要把火力集中在本業才是。

在那個瞬間，我察覺到「千萬不要緊咬眼前的利益不放」，**不要讓自己的主軸偏離軌道，這是非常重要的。**

無法判斷的時候，尋求第三者的意見

即使如此，仍然會有無法判斷的時候。在這種情況下，要勇敢發問，詢問部屬或詢問主管都可以。

我有兩個方法，可以幫助你尋求建議，一個是**詢問「可以透過理論來判斷的第三者」**，另一個是**詢問「非常瞭解現狀的第三者」**。大學時期的學長姐、工作的同事、朋友、其他部門的前輩等，都可以是你詢問的對象。此外，我特別推薦可以找以前的主管。他們會**從你沒有察覺的觀點，給予你不同的建議**。

就像某些經營者或政治家會去找算命師來看運勢，其實，他們的目的不是要聽那些不可預測的未來，而是希望有人能從冷靜的觀點給予支持或推他們一把。

你的身邊應該也有一些可以商量的對象，請試著多問問他們的意見。

如果有七成的成功率，就放手去做

說到先見之明，軟銀集團董事長孫正義先生真是當之無愧。當他開創一項未知的事業時，即使面對投資這類高風險的決定，依然果敢做出決策。其實，他依循的是這個原則：**若能看見七成的成功率，那就應該放手去做**。五成太低，九成就太高。

你對這個原則有什麼想法呢？它是否有幫助到你呢？用自己的方式去模擬試行，若你覺得有七成左右的機率可以成功，那就從小地方開始著手吧。

當責主管這樣做

難以下判斷的時候，不要當作「沒這回事」，要確實「付諸行動」。

05 不懼怕未知，發揮實驗精神

不做做看，就不知道結果。
運用「精實創業」，檢驗所有新點子。
降低風險，用小實驗玩出大世界。

感到迷惘的時候，試試看精實創業

瞭解「精實創業」（Lean Startup），將有助於你改善決策。精實創業是由美國創業家艾瑞克・萊斯（Eric Ries）所提倡，它是一套「創立新事業」並順利營運的方法。

如果團隊有新點子的話，**不要把時間花在模擬上，而是要透過一些小實驗，不斷**

反覆驗證這些假設，形成一種快速循環，以找到成功的途徑。

有一個知名的例子是「Instagram」。它原本是名為「Burbn」、以定位資訊起家的應用程式，初期並沒有那麼受到歡迎，經過不斷改良實驗、重複學習的過程，創辦人發現了「分享照片的功能最有人氣」。結果，Burbn 轉換了跑道，走上「透過照片交流，分享現實生活」的社群網站之路，增加上傳照片、留言、按讚等功能，也就是今日「Instagram」的起源。

當團隊在討論工作上的挑戰時，請採用精實創業的方法。

在沒有風險的範圍內，反覆驗證小實驗

第一步，先瞭解精實創業的循環流程。

- 當你有好點子時，請先製作一個**原型（新的方法）**，並且不要有太多包袱，從「小實驗」開始進行測試。
- 在沒有風險的範圍內，**驗證（測量）**該實驗的結果。

● 從結果中學習，再決定下一步動作。**制訂「推動」、「停止」、「再實驗」的流程。**

我當上課長後，曾思考「晨會是否浪費大家的時間」，因為實在太枯燥乏味了。

但是，公司長久以來都有晨會，如果取消，似乎會誤觸公司禁忌。與主管商量之後，

精實創業
在沒有風險的範圍內
反覆驗證小實驗的方法

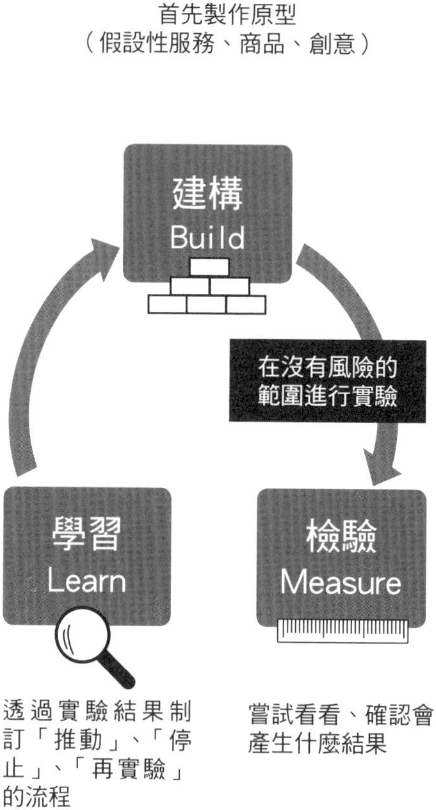
首先製作原型
（假設性服務、商品、創意）
建構
Build
在沒有風險的
範圍進行實驗
學習
Learn
檢驗
Measure
透過實驗結果制訂「推動」、「停止」、「再實驗」的流程
嘗試看看、確認會產生什麼結果

他果然立刻反對：「取消晨會會讓員工士氣低落。」

因此，我提出不要全面廢除，並且告知了我的提案「每週舉行兩次」，與主管達成第一步的共識。經過一個月的實驗，我們注意到，某些人因為早上不再需要先繞到公司來，而是直接去拜訪客戶，反而增加了「諮詢件數」。如此一來，不僅員工士氣完全不受影響，還能夠提前結束工作，減少加班量，反倒讓員工士氣大幅提升。

只不過，有些部屬希望能保有知道團隊全員動向的機會，因此，每週舉行兩次而非全面取消晨會，是最好的判斷。最後，我們的晨會就改成每週兩次了。

如果你也遇到類似的情況，建議**運用「精實創業」的方式來實驗看看**。

「我會考慮看看，不過，感覺有點難……」如果你用這種曖昧不明的態度回應，小心被認為是優柔寡斷的人。明快俐落地從「小實驗」開始做起吧！

當責主管這樣做

別因為不瞭解而不去做，正是因為不瞭解，才要親自動手做實驗！

06 保有彈性，放下「自以為正確」的執著

越是自我堅持，越容易在主管之路上摔跤。

團隊裡，每個人的優勢、個性、想法各有不同。

保持開放的心態，讓部屬發揮所長。

有能力的主管，會讓團隊成員思考該怎麼做

Cyber Agent 公司董事長曾山哲人先生是人資管理的意見領袖。他曾於《logmi》專訪中提到：「**成為領導者應該注意的，就是不要把自己的做法強加給部屬。從第一線員工晉升為主管的人，通常會犯下這種錯。有能力的主管，會讓團隊成員去思考該怎**

麼做；沒有能力的主管，只會強加自己想法給他人。」

棒球選手鈴木一朗還是新秀時，屢次遭到當時的球團要求修改打擊姿勢，他對此非常抗拒，認為：「修改的姿勢根本連基本姿勢都稱不上！」而要求修改的人，正是當時歐力士猛牛隊的土井正三教練。另外，也有人批評搞笑團體DOWNTOWN的表演方式，覺得「這種沒品的表演很糟糕，怎麼可以在大眾面前做這種表演」，而此人是當時正值顛峰的搞笑藝人橫山安大師。

第一線員工對工作有獨特的美學與哲學。假如當時的鈴木一朗與DOWNTOWN很認真地聽從指示的話，應該就不會有後來的活躍了。

想到這裡，你是不是也捏了一把冷汗呢？不要執著於自以為的正解，這一點非常重要。不妨**改用「一起思考超越自己的方法」這個角度**來試試看。

不可否認，現在二十多歲左右的年輕人，在他們異常天開的想法裡，蘊藏了很棒的創意。要抹殺它或活用它，取決於領導者一念之間。

當責主管這樣做

主管不應該只對「能理解」的事表示贊同。請張開雙臂歡迎不一樣的思考！

07 不害怕挑戰，把失敗轉變為知識

定義失敗的關鍵並非「成果」而是「時間」。

當你放棄的瞬間，才是真正的失敗。

眼前的失敗，是一種對未來成功的「投資」。

用長期的觀點來看待，不把失敗當失敗

有一門學問叫「失敗學」，簡單來說就是「活用失敗經驗的學問」。

前東京大學研究所特聘教授濱口哲也先生曾於《Works》提到：「收集過去的事例來面對新事物的挑戰，有九十九．七％的機率以失敗告終。」

但是，也有不少強者明確表達，**這個失敗不是真正的失敗**。舉例來說，松下電器公司的創始人松下幸之助先生曾在《指導者的條件》一書中說道：「世上許多失敗的原因，都是因為在成功來臨之前放棄了。」

京瓷（Kyocera）創辦人稻盛和夫先生說過：「在這世上，沒有叫做失敗的東西。**當你還在挑戰的時候，就沒有失敗可言**；當你放棄的瞬間，那才是失敗。」

星野度假村集團社長星野佳路先生也說：「把時間軸拉長來看的話，是不是失敗還很難說。一步一腳印地堅持做下去。因為堅持做下去，就不會有失敗，直到成功來臨之前，要一直持續做下去。」

換句話說，用長期的觀點來看待失敗，就能夠瞭解那並不是失敗，只是邁向成功的一個必經過程。

在創造的過程中，必然會產生失敗

關於「失敗學」，濱口哲也先生還說：「所謂失敗學，是指『從失敗中學習』。我們應該**有效運用在創造的過程中必然會產生的失敗經驗，而不是讓失敗就這麼隨風**

而逝。然後，要防範未來有可能發生的失敗，提升創造的效率。」

為了從失敗中學習，**必須「把失敗轉變為高級的失敗知識」**。

舉例來說，如果礦坑發生意外後，只留下「在礦坑裡引發粉塵爆炸」的記錄，這樣的記錄只能讓極少數的人從這件事中有所學習。若將失敗轉變為知識的話，則會留下這樣的文字：「由於粉末的總表面積較大，因此接觸了大量的氧氣而產生爆炸。」這樣的寫法，可以讓更多人從事件中得到教訓，在下一次執行的時候特別留意。

也就是說，**從長遠來看，失敗其實是通往成功的必經過程**。

因此，就算目前看似不順利，只要把握機會好好加以反省，建立能互相討論下次對策的機制，就能把失敗轉變為成功。

不知所措時，就計算失敗的機率

假設團隊要規畫一個能夠讓業績起死回生的行銷計畫，眼前卻遇到「若是失敗的話，可能會被降職」這種沒有退路的困境，由於太過擔憂，遲遲無法做出決策。我們用「成功與失敗的機率各半」來試想看看。

- 這個行銷計畫失敗的機率是多少？　各半（×50%）
- 最後無法達成目標的機率是多少？　各半（×50%）
- 受到社會輿論強烈抨擊的機率是多少？　各半（×50%）
- 被拔掉負責人頭銜的可能性是多少？　各半（×50%）
- 被降職或其他結果的可能性是多少？　各半（×50%）

五〇％出現五次，相乘之後，被降職的可能性約為三％。由此看來，擔心「可能會被降職」是杞人憂天。感到迷惘的時候，不妨計算一下「失敗機率」。大部分的結果都會告訴你：你其實是過度擔憂了。

當責主管這樣做

不要害怕失敗，請培養以「全局觀點」來看待失敗的習慣。

08 提升產能，共同決定「不做的事」

長時間埋頭苦幹的時代已經過去了。
建立明確標準，減少無謂的精力浪費。
努力工作，好好生活。

決定不做什麼，和決定做什麼一樣重要

蘋果公司創辦人史蒂夫・賈伯斯（Steve Jobs）在《賈伯斯傳》一書中說：**「決定不做什麼，和決定做什麼一樣重要。」**

當 GOOGLE 共同創辦人賴利・佩吉（Larry Page）向賈伯斯尋求經營管理的建議

時，也得到幾乎相同的回答：**「決定不要做的事。這就是管理。」**

那麼，回到我們自身，我們是不是花了大部分時間在決定「要做的事」上，沒有花多少心力在認真決定「不做的事」上面呢？

然而，時代已在改變，某次我正好有親身體驗的機會。

那是一場以時間管理為主題，對象為六百位大型銀行分行長的演講活動。開場時，該大型銀行集團的董事長說了一段話：「請大家有所自覺，**長時間埋頭苦幹的時代已經『完全』過去了。請大家多充實自己的工作與私人生活**，好好地拿出成果。為此，請務必『仔細專注』聆聽講師的話，並且在生活中『實踐』。」

雖然我這場演講的時間並不長，但他們事後徵詢了我的意見，問我能否讓集團其他企業的分店長也能看到演講影片。他們甚至設想到這一步了。

現在的第一線主管，真可謂要有三頭六臂的功夫，才好應付各種狀況呢！

剔除無謂的小事，節省時間與精力

在我的提升產能培訓課程中，有一項是「共同決定不做的事」。課程一開始，我會先介紹「判斷浪費的基準」，請學員運用以下四個觀點，好好整頓一番。

【判斷浪費的基準】

- 即使停止，也不影響「客戶滿意度」。
- 即使停止，也不影響「員工滿意度」。
- 即使停止，也不影響「風險管理」。
- 即使停止，也不影響「業績」。

某企業擁有近六十名員工，參加培訓課程後，他們在工作上應用了這個方法，舉辦業務改進提案競賽。在短短兩週內，就出現了多達一百二十件關於業務改進的方案。

說明得再詳細一些，他們是模仿岐阜縣曾獲優良企業大賞的未來工業公司的做法，也就是「每提出一個改進方案，就給予五百日圓獎勵」，收到了數量可觀的改進方案。

從成本角度來看，就算會花費一些錢，但總計「五百日圓×一百二十個改進方案＝六萬日圓」，是划算還是浪費，每個人各有不同想法，對我而言，顯然絕對是划算的。

接下來是提案的部分。使用以上的基準，請大家**一起製作「要停止做的事項清單」**。不是「要做的事」，而是「要停止做的事」，比如開會、報告等，不做也不影響工作的事情應該有很多。

以團隊之力，大家一起思考改進方案，製作出「不做的事與要停止做的事項清單」。經由這個過程，肯定可以一口氣大幅節省許多工作時間。

當責主管這樣做

一起思考改進方案，製作出「不做的事與要停止做的事項清單」。

第 7 章

成功的領導者必然孤獨，讓脆弱成就強大

01 克服孤獨感，走在隊伍最前方

一旦成為領導者，就無法再依賴他人照顧了。
這段旅途中，必定會有感到孤獨的時刻。
堅持自己的理想，看看不一樣的世界。

為什麼當上主管後，會感到孤獨呢？

被賦予新職務的瞬間，有些人可能會感到孤獨，像是與部屬的距離拉遠、被主管讚美的機會減少、必須一個人解決問題的壓力……等，應該會感受到各式各樣的變化吧。

這種時候，請你朝這個方向去思考：我終於真正踏上領導者的旅程了。

一橋大學研究所的教授一條和生是研究領導能力的權威學者，他在《領導能力的哲學》（本書內容是由十二位知名經營管理者的專訪匯集而成）一書中，有這麼一段話：「每一個人天生都有程度上的差別，人生境遇有時好有時壞。但無論如何，**所有的領導者故事都不會以悲劇作結**，因為所有人即便是在苦難當頭之際，仍然對未來抱持希望、努力突破困境，繼續在旅途上前行。」

的確，學習領導能力的這段過程，必定會有感到孤獨的時刻。有可能是部屬跟不上你的腳步、有可能是主管無法理解你的想法。然而，不管遇到哪一種狀況，**只要成為領導者，就要自負所有風險**。

擔任第一線員工時，有很多人幫忙照應，一旦成為領導者，就無法再依賴他人照顧了。你必須堅持自己的理想與志向，靠自己跨越重重的困境。

感到孤獨時，試著改變觀點與行為

看過《我家寶貝大冒險》這個電視節目嗎？這是讓二至三歲的小朋友，獨自前往住家附近的商店買東西，觀察記錄小朋友面對各種突發狀況的節目。

對大人來說只是短短五分鐘的路程，但對孩子而言就像一場「大冒險」，有的小朋友在路途中就這麼嚎啕大哭起來。不過，當小朋友完成任務回家，把買到的麵包或青菜交給媽媽時，總是自豪地表示：「完全沒問題喔！」從此之後，孩子們也變得敢自己一個人出門去買東西了。

領導者也是一樣的道理。當你隻身一人的時候，可能也會有想哭的心情，而那肯定是路程上的考驗、是成長的大好機會。

話雖這麼說，但艱苦的過程肯定是少不了的。以下介紹三個讓你不會過度悲觀的小祕訣，當你認為進展不順利的時候，重複這三個祕訣，勢必能夠跨越困境。

- **不要對自己的能力不足太過悲觀。**（不要考慮太多，或是懷疑自己不適合當領導者。）
- **改變看事情的角度。**（從其他觀點切入，看向長遠未來。）
- **試著改變自己的行為。**（請求他人指導，總之先做再說。）

在過往的研修培訓課程中，我看到許多主管級的學員，總是很難將自己從困境中拉出來。而這些人，經常把自我行為正當化。

進展不順利的時候，他們只想著用「商品賣相不好我也沒辦法」、「部屬不去做我也沒辦法」、「景氣不好我也沒辦法」等說詞，希望受到眾人原諒。不過，這種行為反而會讓旁人覺得：「所以呢，你應該怎麼做？」「商品賣相不好，你應該怎麼做？」「部屬不去做，你應該怎麼做？」最終演變成自食惡果的局面。

領導者的任務，就是去思考「發生事情時該怎麼做」。

當責主管這樣做

感到孤獨時，請不要悲觀，試著改變「觀點」與「行為」。

02 跨越荒謬高牆，讓自己變得更強

爬上最高點，腳下的梯子卻被抽離……
身陷困境，周遭的人卻漠不關心。
唯有跨過困境，才能夠發現珍貴之物。

無法控制的事，就概括承受

一位公司主管說過：**「不講理與荒謬是不一樣的，不講理沒有克服的必要，但是若能夠克服荒謬的話，你將會變得更強。」**

「不講理」是指遭受壓迫，比如無故背黑鍋、被強迫做辦不到的事等，也就是尊

嚴被踐踏。「荒謬」則不同。明明工作上沒有發生什麼大過失，卻被逼得走投無路，就像走路踢到鐵板一樣。而大部分的事件，幾乎都是當事人以外的因素所引起的，比如大環境的改變等。

舉例來說，假設你被公司派到某個部門擔任主管，該團隊卻有各種狀況，像是做事鬆散，需要花很長的時間進行改革重整。當你發現這樣的情形，並且向上報告，沒想到卻得到「這真不像話，希望你快一點解決」這樣的回應，這是很常見的荒謬事例。給你梯子讓你爬上最高點，卻又在你爬到最高點時把梯子抽離……就是這種感覺。很可惜的是，這樣的事情持續在發生。

狀況時時刻刻在變化，這是無法控制的事。而**領導者，就是連這種應對與處理，都能概括承受的人。**能跨越這道荒謬之牆，未來勢必變得更堅強。

荒謬的經驗，會成為未來的財產

老實說，我也經歷過荒謬的事。當時我無故被降了一級，不過，我並沒有做出對公司有害的事，非常認真工作，人事考核也不錯，無論從哪一個面向來看，反而應該受到公司的肯定與表揚。

我想，或許是當時景氣急速下滑，導致公司的經營狀況改變，才會有這樣的人事命令。但是，我內心一股「為什麼是我？」的情緒卻無法抹滅，甚至想過「乾脆辭職好了」。後來，我改變自己看事情的角度，心想：「這或許是個經驗，要把這次的經驗，化為對十年後的自己有意義的事。」因此，我決定全神貫注於工作上。

自己說有點不好意思，但我確實感受到，經過這件事之後，我變得更能獨立完成工作，領導能力也有所提升。我發現，有許多人仍然在努力面對荒謬之事，而我即使感覺孤獨也能不偏離自己的主軸，這些直至今日都是我寶貴的財產。

後來離職，我去找了當時的董事長，想問清事情原委。他給了我出乎意料之外的回答：「什麼？你沒聽說嗎？那個是暫時性的調整，我以為你會回去，原來你沒聽說啊……原因嗎？說到這個，其實啊……」

原來不是因為我有過失，而是由於整間公司的臨時調整，而我剛好在一個裁撤率相當高的團隊。當我聽到真相時，身體像虛脫一般，因為完全就是無關對錯的選擇結果，好比要你選擇柳橙汁或蘋果汁，你閉上眼睛隨手一拿，就拿到了柳橙汁。我被降級一事就像剛好被拿到的柳橙汁……

雖然當時內心感到非常不解，但我還是很感謝有那次的經驗。因為我堅信，這是讓我提升領導能力的最佳考驗。

保持謙虛，把自我主義擱在一邊

老實說，我個人的經歷實在太微不足道。一條和生教授參與的著作《領導能力的哲學》中，那十二位知名經營管理者的故事才是發人深省。

舉例來說，前 LAWSON 超商執行長玉塚元一先生，過去曾以迅銷集團（編註：Fast Retailing，旗下有 UNIQLO 等）創辦人柳井正先生的接班人之姿，風風光光地成為集團董事長。但是，僅僅過了三年，便不得不辭退該職務。

「當時我還沒有力量」，這是玉塚先生回顧當時所說的話。現在的他已是產經界相當知名的專業經理人，但想必當時內心也充滿了不安吧。

前驪住集團（LIXIL Group Corporation）執行長藤森義明先生，也經歷過類似的事。奇異公司第八任執行長傑克．威爾許（Jack Welch）第一次見到他時，史無前例地邀請身為日本人的他擔任副董事長，可說是專業中的專業經理人。之後，驪住公司也相中他的實力，延攬為集團執行長。但是，他卻遭到閃電解任。據說是因為他對企業合併收購過度積極，引發周遭人士的不信任，故而被迫卸任。

蘋果公司創辦人史蒂夫．賈伯斯，曾經被自己的部屬開除（而後凱旋回歸）。巨人隊終生名譽教練長嶋茂雄首次擔任教練時，因球隊成績太差而下臺。松下電器公司創辦人松下幸之助，也曾被GHQ（第二次世界大戰駐日盟軍最高司令官總司令部）革除公職。還有很多故事，寫也寫不完，幾乎每一位有名的領導者都經歷過荒謬的事。只不過，我所列舉的這些人有一個共通點：他們都會再次把大家凝聚在一起。

正如同一條和生先生所說：「在艱苦的時候，更要對未來充滿希望，因為跨越苦難後仍可繼續我們的旅程。」**正因為有過荒謬的經歷，因此能更加貼近部屬的心情，也能做出艱難的判斷**，在當前形勢下保持謙虛的心，把自我主義擱在一邊，專心致力於達成使命。荒謬的經歷，讓人學會「要用心去理解」。

當責主管這樣做

遇到荒謬的事情時，把它當成是提升領導能力的機會吧！

03

運用「二：六：二法則」，不必害怕反對聲浪

領導者沒有必要讓大家都喜歡。

想要嘗試新挑戰時，一定會有反對聲浪。

思考「二：六：二法則」，你會更有勇氣做下去。

挑戰新事物時，即使被反對也不要在意

當你要挑戰新事物時，是不是總會出現反對的人呢？有些時候，甚至完全不想要接受你的意見。不過，請注意不要被周遭的人過度牽著鼻子走。

當然，主管為了瞭解現狀或是掌握工作情形，必須仔細聽取大家的意見，但請不

要採多數決或全員一起思考對策。**應該做的事情或挑戰，由領導者來決策就行。**

領導者考量現實面所做出的決策，一定會有人反對，這時就要運用「二：六：二法則」。此處的「二：六：二」，指的是二成贊成、六成還在觀望、二成反對。

二成是贊成的人。

六成是還在觀察狀況的人。

還有二成反對的人。

如果把焦點放在「二成反對」、「六成不關心」，一定會因為「八成的人都不關心」，感到孤立無援。相反地，如果用「只有二成反對」的角度切入，看法就不一樣了。

首先，**把贊成你的那二成當作伙伴，讓他們去影響其他六成的人，**反對的二成最後也不得不少數服從多數了。

展現主動出擊的決心，增加更多贊成票

有一位年輕的顧問被派任到需要進行再造的企業，負責統整指揮的工作，然而公司的元老級員工卻成了絆腳石。當他想要執行一些新方案的時候，元老級員工總是十分抗拒，抱持著「什麼都不懂的小毛頭，在跟我們說些什麼」的心態。

是不是覺得這個狀況很棘手呢？不過，這裡正是起點。

第一步，**必須讓對方產生「這傢伙是來真的啊」的感覺**。因此，一開始應該做的是比任何人流更多的汗水，也就是成為主動出擊的人。若是不這麼做的話，連贊成者的心也很難抓住。

我採訪過幾位顧問，發現他們的做法各異但目的相同。

有的人最早進公司，打掃環境，每天從「今天也請多多指教」這句問候語展開一天的工作。（這是展現他很重視這個職場的行為。）。

也有人為了更瞭解業務內容，比任何人更拚命地去拜訪客戶、掌握客戶情形。（讓別人看見他認真面對客戶的樣貌。此外，善加運用「因為客戶提出這樣的需求」的說法，也容易對其他同仁產生影響力。）

打下了基礎後，接著可以用「我跟各位重視的事物是一樣的。只不過，為了保護重視的事物，我們必須有所改變」這樣的方式，把你的心情傳達給大家。

然後，聽取二成贊成者的意見，並決定如何執行。在這個過程中，慢慢將任務交給那六成的人，讓他們也能參與其中。人在接獲重要任務的時候，會瞬間產生對工作的幹勁。當然，你也必須先有心理準備，當交辦任務給那二成反對者時，就算表面看似可以溝通，事實上他們並不會那麼快就改變心意。

此外，**只要有二成的人贊成，就毋須顧忌，讓成員彼此討論「該怎麼做比較好」**，運用會議或研修課程的方式也非常有效果。聽到二成贊成者的意見後，六成觀望者的想法一定多少會受到影響。

如果團隊中有完全不想理解或是為反對而反對的成員，不要著急，請先確實把二成的贊成者穩固在自己的陣營中。

當責主管這樣做

拉攏贊成的二成作為後盾，讓所有成員看見你主動出擊的行動與決心！

04 互相尊重，成為部屬「願意追隨」的主管

對上百依百順，對下異常嚴苛……

「雙面人」型的主管，無法獲得人心。

失去部屬的信任，再厲害的人也帶不好團隊。

謙遜待人，員工不是附屬品

任誰都不希望成為一個不得人心的主管。不得人心的人，常常會說出：「又被迫做了某某事。」「都不幫我做好。」在現代這個社會，這樣的主管很難抓住部屬的心。

因為**這是很注重「贊同感」的時代**。

有些主管還停留在過去的觀念，「希望員工不要說些五四三，完全按照我的想法行動（因為是自己的部屬）」，這顯然已經是很落伍的想法了。若部屬沒有按照他們的想法行動，便會認為：「能力不足的傢伙，真麻煩！」如此一來，人們當然會敬而遠之，最後落得更加孤獨的下場。

當然，貫徹自己的理念很重要，但是別人不願意協助也不行。昭和年代出生的主管（泡沫世代），都是在這樣的環境下成長的，所以會要求「員工都乖乖聽話」。

然而，大環境正以急劇的速度變化。現在這個時代，每個人都可以自由離開職場，他們認為世上還有更多公司肯重視他們所需求的「贊同感」。因此，當他們覺得「這個主管跟我想的不太一樣」，這段關係就到此為止了。

這麼一來，不但無法拿出好的工作表現，甚至只會更加感受到孤獨寂寞而已。

相信部屬的能力，當成「專家」般尊敬

我最近發現一件事，或許也可以作為一條法則：在餐廳對店員頤指氣使的人，對

自己的部屬也會展現傲慢的態度。

店員稍微延遲為客人點餐時，不滿大吼：「喂，還沒好嗎？」叉子掉到地上時，立刻下令：「再拿新的來。」這種人對部屬也經常是一副草率無理的態度。只顧及自己的「面子」，喪失對「個人」應有的尊重。我不想成為這種人。

首先，我們不管**面對任何人，都不應堅持自己「立場」，而應把對方當成「專家」一般尊敬**。具體來說，請改變你的口頭禪：

「被強迫做某事」→「樂於做某事」

「為什麼不去做？」→「有什麼原因讓你不去做嗎？」

「你們」→「我們」

「你的回答呢？說話啊）」→「有什麼地方不懂嗎？」

「再多一些自主性吧」→「你覺得怎麼做比較好呢？」（以詢問的方式引導部屬思考）

黑貓宅急便的公司官網首頁有一段文字：「本公司的組織圖為倒三角形。最上面是客戶，接著則是第一線運送貨物、與客戶互動的業務駕駛員。經營管理部門提供最強大的支援，同時也將大部分權力授權給現場人員。」

這正是「把每一個人都視為專家」最淋漓盡致的表現。

把部屬當作附屬品的主管，不可能得到部屬的尊敬。另一方面，若能把對方視為專業人士並且相信他的能力，「主管的孤獨感」一定會逐漸消失。

當責主管這樣做

不要把部屬看成「能力比你低的人」，要把每個人當成「專家」來尊敬。

05 遇到困境時，藉由閱讀尋找答案

就像是生病時，我們會去找專科醫生一樣，
當你為工作而煩惱時，就去看書吧。
書本就像藥物，為各種症狀提供解決之道。

翻開書，就是打開「解答之門」

雖然很多人會說「不要馬上去翻書找答案，用自己的頭腦先思考」，但我認為翻書求解答不是一件壞事，有必要的話，甚至依樣畫葫蘆地模仿也沒關係。

這是因為，**與其一個人獨自煩惱，不如從書中獲取大量的啟發**。例如：

- 從理論中獲得啟示（對自己應該做的事有更明確的概念）。
- 從作者的實際經驗中獲得啟示（瞭解如何離開困境的各種方法）。
- 得到勇氣（瞭解即使遇到更嚴苛的情況也沒關係）。

還有**最大的一個好處，就是不用花費太多時間**。書籍可以讓我們在短時間內獲得需要的資訊，快一點只需一日，久一點只需要幾天，就能夠從書中得到啟發。

書櫃就像藥櫃一樣，隨時能對症治療

說起來，**書櫃就像藥櫃一樣，可以根據當時的症狀（課題和心情）拿出適合的書籍來閱讀，就像拿藥一般**，若能創造這樣的環境，一定能夠對你有幫助。

現在我看向身旁的書櫃，有一本關於精神分析的書，想起自己以前為了一位陷入困境的同事忙得焦頭爛額，所以閱讀了這本書，試圖從書中獲得一些提示。

身為一位領導者，很多時候無法隨心所欲地請教他人。此時，務必試著從書中找尋答案。

舉例來說，當你想要瞭解商業運作的概念時，商業書籍正是最好的藥物。當你讀到行銷策略的書籍時，就能夠更加確認「選擇與專注力」與「競爭優勢理論」對工作的重要性。也能夠瞭解「原來一直以來沒有好的工作成果，是因為自己的優勢不明確、戰略目標也不夠精準」。

如果你**想要擁有勇氣的話，我非常推薦閱讀成功經營者所寫的書籍**。因為成功的背後總有著錯綜復雜的故事，有著許許多多超出我們想像、充滿戲劇性的過程。而從這些故事中，你就會發現，原來自己的煩惱是多麼渺小，同時也會開始從不同面向去思考，像是「甚至連賈伯斯這號人物，都曾經被自己的部屬開除，不過後來成功回歸……需要具備什麼樣的條件呢……」等。

歷史小說、歷史故事也具備相同的效果。基於史實所撰寫的小說，大多將主角的人生以戲劇化方式呈現，他們充滿精力地不停接受挑戰，相信也讓讀者都能感同身受。軟銀集團董事長孫正義先生說過：「我十五歲那年讀了《龍馬行》，那是一個讓我茅塞頓開的契機。」

找一本喜歡的書，盡可能多讀幾遍

能夠遇到喜歡且有幫助的書，是一件很幸福的事。知名管理諮詢顧問小宮一慶先生說，當他每次閱讀松下幸之助的書《路是無限的寬廣》時，總會有不一樣的新發現。我在《PRESIDENT》看到採訪，黑貓宅急便的木川真會長經常閱讀《失敗的本質》這本書：「我每閱讀一次，書上的註記或標籤也隨之增加。若能從失敗的經驗中學習的話，未來肯定可以避免發生同樣的錯誤。」

這兩本也是我讀了一遍又一遍，非常喜愛又受用的書籍。

當你**想要獲得不同的啟發時**，**請務必到書店走一趟**，試著翻閱每一本書籍。最重要的是，當你看到覺得不錯的書，請毫不遲疑地買下它，並從書中擷取一個或兩個你覺得不錯的「啟發」。我相信，你一定能夠盡快找到那扇你追求的解決之門。

當責主管這樣做

當你遇到困境時，到書店走一趟，翻閱各種書籍吧！

06

保持積極心態，多與公司外部接觸

只跟公司內部的人互動，眼界會變得越來越小。
必須隨時保持積極心態，吸收各種不同知識。
視野越寬廣，越不會因壓力而感到孤獨。

小心！別讓公司變成「村社會」

隨著職位逐漸上升，或許你內心會出現天人交戰的情況，比如「如果以道德的角度去思考，本來不應該做的事，現在卻必須為了公司不得不去做」等。

一旦在狹隘的環境中感受到龐大壓力時，不論是多麼優秀的人，也很容易做出不

合理的判斷。這一點，請領導者務必要有所警覺。

太平洋戰爭中的特攻隊，正是遇到這樣的情況。當時，派出特攻隊的中尉說了這麼一段話：「就算特攻隊未能發揮預期成效，但是在這場戰爭中，年輕人為國家盡了很大一份心力，能夠把這件事流傳給後世子孫，我認為非常有意義。」

對於生活在二十一世紀的我們來說，只會覺得這是一種非常奇妙的思維，然而從領導者的角度來看，則是「若我們生活在當時的日本，或許也會這麼想吧……」。

當你身負主管重任之後，必須**隨時保持積極心態，把握吸收各種不同知識的機會**，這一點極為重要。

許多日本公司經常被嘲諷為「村社會」。維基百科這樣描述：「有影響力的人居於最高位，是一種以有力人士為頂點的序列結構，並且保持傳統秩序的排他性社會。」

大約二十多年前，我拜訪某間大型自小客車公司時，曾體驗過這樣的感覺。該公司的董事長帶領大批部屬穿過走廊，宛如古代大官出門一般，其他人自動站在兩邊等待。當時，走廊採取暫時關閉的措施，而其他正在這間公司進行拜訪的客戶，也要靜心等候董事長從眼前經過。

日後，那家公司爆發許多不法情事，甚至上了社會新聞。該公司員工每一位都非常優秀，而且充滿人情味，都是我很喜歡往來的人，也都是很令人尊敬的對象。不過，由於來自公司內部的巨大壓力，導致人們互相揣測心意，因此判斷決策變得異常瘋狂了。

打開求知之門，以「較遠的人」為優先

在巨大壓力下，比起員工優秀的能力，組織扁平化與視野寬廣度極為重要。

身為一個領導者，為了避免做出錯誤的判斷，必須培養從「其他觀點」來思考而非只看公司內部的習慣。暢銷書《100 歲的人生戰略》中也提到：**把「與他人互動」當成自己的責任，積極地去執行，時常保持「請對方指教」的姿態。**

往後的時代，必定需要一個名為「探索者」的階段，希望大家都能夠像實驗室中冶鍊金屬的熔爐一樣，透過與更多人的互動聯繫，擁有吸收各種不同的價值觀成為自己的價值觀的經驗。

倉田學先生所寫的《創刊男》中，提到了這麼一句話：「**預約會面要以『較遠的**

人』為優先。」

這句話點出了接觸與自己不同價值觀的重要性。關於這一點，業務人員顯得格外幸運。因為他們在工作中，與客戶的互動話題不僅限於工作，同時也可以聽到對方的價值觀。當然，即使是公司的內勤人員，平常也可以多參與讀書會或研討會等活動。

請停止「被公司架空的話就太慘了，所以我不得不做」的想法吧。**時常保持開放的視角來看事情**，是主管必備的能力。

感覺到龐大壓力的時候，只要你擁有多樣化的價值觀，就能夠從廣闊的角度進行判斷，不會因壓力而感到孤獨。

當責主管這樣做

成為領導者之後，培養主動接觸「不同價值觀」的習慣吧！

07 主管不必完美，適時展現自己的弱點

領導者必須適時展露「充滿人性那一面」。

所謂人性面，即為「弱點」。

坦然面對自己的弱點，拉近與部屬的距離。

人性化管理，和誰都能處得來

「不應該讓他人看到自己的弱點。」「不讓他人看到自己丟臉的那一面。」如果你因為主管的身分，而容易產生這些想法的話，請務必多加留心。

許多人在成為主管之後，為了力求表現而變得「過於積極」。主管當然要以正

向積極的態度來面對事情，這一點相當重要，不過，從部屬角度來看，就很容易變成「不知道主管內心在想什麼」。簡言之，就是**「缺乏人性」**。

這種領導者類型，在員工滿意度調查中，分數低得令人驚訝。

有些人是第一次當主管，給自己過多壓力，也有些人天生做起事來就一股腦往前直衝。然而不論是哪一種人，都無法縮短與部屬之間的距離。

該怎麼做比較好呢？答案很簡單：**適時展現自己的弱點**。

「我以前在外面跑業務時，實在太過操勞，有時我會選擇不去拜訪客戶，在山手線電車上連續坐好幾圈。」像這樣說出自己以前無傷大雅的偷懶經驗，一下子就能抓住團隊所有人的心。

每個人一定都有類似的經驗對吧。我自己也是，曾經搭乘大阪環狀線電車卻遲遲不下車。從經驗分享中，讓員工發現「原來就算是他也會這麼做啊」，展現人性化的一面。如果你是從來不曾打混摸魚的人，建議試著回想自己「失敗的故事」，和部屬分享。

讓別人看見弱點，就是主管的優點

我曾經和日本數一數二的合氣道教練聊天。當時，我試著問他：「如果被小混混纏上的話，您會怎麼做呢？」

「太恐怖了，我會立刻跑走。」

教練的回答太令我驚訝了，我繼續追問原因，他說：「因為不知道對方會對我做出什麼事，感覺很恐怖，所以要趕快跑。」

我繼續打破砂鍋問到底：「如果被對方毆打的話，您會怎麼做呢？」

「我會盡量避免引發仇恨，只做最低限度的防禦，並且有機會就跑走。」

你覺得如何呢？是否強烈感受到了人性？**真正堅強的人，敢於承認恐懼**。

請務必適時展現弱點，拉近與部屬的距離。部屬一定能體會到「因為是真正厲害的人，所以才敢讓他人看見自己的弱點」。這正是領導者應具備的坦然心態。

當責主管這樣做

成為領導者之後，試著敞開心胸談論自己的「失敗故事」吧！

本書參考文獻

第4章

《Works》リクルートワークス研究所、No.101

《〈研究ノート〉キャリアプランニングの視点“Will, Can, Must”は何を根拠にしたものか》田澤実、法政大学キャリアデザイン学会

《リーダーシップ・マスター——世界最高峰のコーチ陣による の教え》マーシャル・ゴールドスミスほか、英治出版（中譯本為《高效領導力教練》馬歇爾・戈德史密斯〔Marshall Goldsmith〕等合著）

第6章

《自問力のリーダーシップ（グロービスの実感するMBA）》鎌田英治、ダイヤモンド社

《THE 21》二〇一五年一月号、PHP研究所

《スティーブ・ジョブズ》ウォルター・アイザックソン、講談社（中譯本為《賈伯斯傳》華特・艾薩克森〔Walter Isaacson〕著）

《失敗の本質―日本軍の組織論的研究》戸部良一ほか、中公文庫

〈ダメなリーダーは「自分のやり方を押し付ける」試行錯誤を続けた男の、チームで勝つ極意〉「ログミー」二〇一七年四月二十七日、曽山哲人氏インタビュー

第７章

《リーダーシップの哲学》一條和生、東洋経済新報社

《PRESIDENT》二〇一五年八月号、プレジデント社

《ＭＢＡコースでは教えない「創刊男」の仕事術》くらたまなぶ、日本経済新聞出版社

《LIFE SHIFT（ライフ・シフト）》リンダ・グラットンほか、東洋経済新報社（中譯本為《100歲的人生戰略》林達・葛瑞騰〔Lynda Gratton〕等合著）

職場方舟 0016

當責主管就是要做這些事

交辦用錯力，當然事倍功半！讓部屬自動自發、服你、挺你的下指令訣竅

作　　者　伊庭正康
圖　　版　桜井勝志
譯　　者　陳畊利
封面設計　王信中
內頁設計　王信中
特約主編　楊惠琪
行銷經理　王思婕
總 編 輯　林淑雯

出 版 者　方舟文化／遠足文化事業股份有限公司(讀書共和國出版集團)
發　　行　遠足文化事業股份有限公司
231 新北市新店區民權路108-2號9樓
電話：（02）2218-1417　傳真：（02）8667-1851
劃撥帳號：19504465　戶名：遠足文化事業股份有限公司
客服專線：0800-221-029　E-MAIL：service@bookrep.com.tw
網　　站　www.bookrep.com.tw
印　　製　通南彩印股份有限公司　電話：（02）2221-3532
法律顧問　華洋法律事務所 蘇文生律師
定　　價　350元
初版一刷　2020年10月
初版四刷　2024年02月

特別聲明：有關本書中的言論內容，不代表本公司／出版集團之立場與意見，文責由作者自行承擔

DEKIRU LEADER WA, “KORE” SHIKA YARANAI
Copyright © 2019 by Masayasu IBA
All rights reserved.
First original Japanese edition published by PHP Institute, Inc., Japan.
Traditional Chinese translation rights arranged with PHP Institute, Inc.
through AMANN CO,. LTD

缺頁或裝訂錯誤請寄回本社更換。
歡迎團體訂購，另有優惠，請洽業務部（02）2218-1417 #1121、#1124
有著作權．侵害必究

國家圖書館出版品預行編目（CIP）資料

當責主管就是要做這些事：交辦用錯力，當然事倍功半！讓部屬自動自發、服你、挺你的下指令訣竅／伊庭正康著；陳畊利譯. -- 初版. -- 新北市：方舟文化，遠足文化，2020.10
面；　公分. -- (職場方舟；16)
譯自：できるリーダーは、「これ」しかやらない メンバーが自ら動き出す「任せ方」のコツ
ISBN 978-986-99313-3-5(平裝)

1.企業領導 2.組織管理

494.2　　109012299

方舟文化官方網站

方舟文化讀者回函